THÈSE AGRICOLE

LE LAURAGUAIS

ET

LA PLAINE TOULOUSAINE

THÈSE AGRICOLE
SOUTENUE EN JUILLET 1926
A L'INSTITUT AGRICOLE DE BEAUVAIS
DEVANT MESSIEURS LES DÉLÉGUÉS
DE LA SOCIÉTÉ DES AGRICULTEURS DE FRANCE
PAR

JEAN MEUNIER

BEAUVAIS
IMPRIMERIE DÉPARTEMENTALE DE L'OISE
26, rue de Malherbe, 26

1926

A la mémoire de ma Mère

A mes Parents

AVANT-PROPOS

De toutes les régions naturelles françaises, il en est peu qui montrent, autant que la plaine de la Garonne, une aussi grande variété de cultures due à sa division très nette par les différents niveaux que le fleuve a eus successivement.

Durant mes vacances d'écolier, je me suis laissé prendre au charme qui se dégage de cette terre que travaillèrent mes ancêtres, charme auquel il est difficile de résister « quand le soleil couchant teint de flammes sanglantes » les clochers de briques au sommet des coteaux et illumine au loin les cimes argentées des Pyrénées.

En descendant les terrasses de la rive gauche, on va à travers des cultures pauvres d'abord, puis de plus en plus riches, pour atteindre enfin la fertile vallée actuelle ; remontant la pente opposée, on arrive insensiblement sur les coteaux du Lauraguais, rendus célèbres désormais par le tableau de J.-P. Laurens. C'est dans cette région, c'est-à-dire, en un mot, dans le Pays Toulousain, que je me suis proposé d'étudier la vie agricole telle qu'elle est conçue actuellement, ainsi que les modifications qu'il y aurait lieu d'y apporter pour sa plus grande prospérité.

Tous les jours, de nouvelles transformations s'opèrent ; les unes sont bonnes, d'autres un peu moins. Nous tâcherons donc, après les avoir analysées, de séparer les bonnes des mauvaises, celles qui sont à souhaiter de celles qui sont à éviter, parce qu'elles vont à l'encontre des conditions physiques et économiques de la région.

Avant de commencer cette étude, qu'il me soit permis de remercier tous ceux qui, à un titre quelconque, m'ont aidé dans cette tâche.

Et maintenant, il ne me reste plus qu'à demander au lecteur toute son indulgence pour ce travail. L'auteur a essayé de décrire ce qu'il a vu et de faire ressortir les améliorations qui lui semblent justifiées, améliorations qui paraissent aisées, lorsque l'on n'a pas encore de pratique ; mais, grâce à vos conseils, qui sont le fruit d'une longue expérience des choses agricoles, il lui sera plus facile d'appliquer ses modestes connaissances, afin d'être

« *Prêt pour le lendemain à de plus fiers essors...* »

J. Meunier

Première Partie

FACTEURS DE LA PRODUCTION

FACTEURS NATURELS

CHAPITRE PREMIER

GEOGRAPHIE PHYSIQUE

I. — Aspect général

Le Languedoc, une des plus grandes et des plus pittoresques provinces de France, était divisé, sous l'ancien régime, en Haut-Languedoc et en Bas-Languedoc. Ces deux subdivisions sont séparées l'une de l'autre par le Seuil de Naurouze (à 200 mètres au-dessus du niveau des deux mers), ligne de partage des eaux qui, descendant de la Montagne Noire, servent à alimenter le canal des Deux-Mers.

Le Bas-Languedoc comprend tout le littoral méditerranéen. On peut reconnaître, dans le Haut-Languedoc, qui comprend tout ce qui avoisine l'Albigeois et les bords de la Garonne, le Lauraguais et le Pays Toulousain, ou, plus exactement, la plaine toulousaine, tous deux dans le département de la Haute-Garonne.

Au point de vue géologique, car c'est la seule délimitation qui convienne à une région naturelle, on pourrait définir le Lauraguais : « les coteaux de terre-forts entre la vallée du Girou et celle de l'Hers, formant un parrallélipipède très large à l'est, entre Villefranche-de-Lauraguais et Loubens, et s'amincissant de plus en plus jusqu'à la vallée de la Garonne ». La partie septentrionale diffère déjà du Lauraguais proprement dit, car les terres fortes ont fait place insensiblement à des terrains plus légers silico-argileux. On pourrait aussi limiter le Lauraguais : au sud par le comté de Foix, à l'ouest par le Pays Toulousain, au nord par le Castrais et l'Albigeois et, enfin, à l'est par le Bas-Languedoc.

Le Lauraguais donne, au premier abord, une impression de rusticité et de gravité un peu lugubre même, lorsque souffle le vent d'autan ; mais lorsqu'on le connaît davantage, on le sent plus hospitalier, rude certes, mais tellement varié. Dans son tableau, *Bœufs en Lauraguais*, J.-L. Laurens a su rendre à la fois cette âpreté et ce charme. La « métairie » toute blanche, surmontée d'un pigeonnier dont les carrelages aux couleurs éclatantes brillent au soleil, semble endormie à mi-côte entre deux vallons ; au fond, entretenant la fraîcheur près du jardin, coule un petit ruisselet qui ne tarde pas à disparaître sous les ronces. Pauvre en industries, le Lauraguais est un pays essentiellement agricole et la terre rend largement aux paysans le prix de leurs efforts, car nous sommes sur une terre exceptionnellement riche et l'on a dit à juste titre que le Lauraguais est un des premiers greniers de France. Il possède une race de bœufs solides, durs à la fatigue, sobres, qui travaillent aussi bien dans la plaine que sur les coteaux.

Quant au Pays Toulousain, il est assez difficile de lui attribuer des limites exactes. Il comprend toute la plaine de la Garonne en aval de Toulouse, c'est-à-dire non seulement la plaine actuelle, mais les trois terrasses qui ont été successivement les niveaux du fleuve.

« ...La belle, la grande, la riche plaine est couverte d'une culture infiniment variée. On ne voit nulle part ailleurs un si étonnant mélange de productions, blés, vignes, maïs, pâturages, arbres fruitiers chargés à rompre le long des routes. Et cette richesse du sol reproduite à l'infini, un paysage de trente ou quarante lieues s'ouvre devant vous, vaste océan d'agriculture, masse animée, confuse, qui se perd au loin dans l'obscur, mais par dessus s'élève la forme fantastique des Pyrénées aux têtes d'argent. Le bœuf attelé par les cornes laboure la fertile vallée, la vigne puissante monte à l'orme... », telle est la description du Pays Toulousain par Michelet.

La plaine toulousaine et le Lauraguais occupent donc toute la partie de la Haute-Garonne située au nord d'une ligne allant de la forêt de Bouconne au Seuil de Naurouze, en passant par Toulouse et la vallée de l'Hers, à l'exception cependant du canton de Cadours, au nord-est du département, qui fait déjà partie de la Lomagne. Cette ligne factice de partage mesure environ 100 kilomètres de l'est à l'ouest, depuis la rivière du Girou jusqu'à celle de Gimone, entre 0°19' et 1°54' de longitude à l'ouest du méridien de Paris.

II. — Climatologie

Le climat, quoique assez tempéré, n'en est pas moins un des plus excessifs de la région girondine. Sauf la région montagneuse, où la température subit des variations brusques du jour à la nuit, elle passe sans transition, dans le reste du département, des derniers froids de l'hiver à des chaleurs caniculaires et comme, de plus, l'hiver et le début du printemps sont assez humides, on se trouve dans une situation assez critique qui sera exposée dans le chapitre « Géologie-Agrologie », mais qui est à peu près la suivante : terres très humides l'hiver, donc difficiles à travailler, et très sèches, c'est-à-dire impossibles à travailler, après quelques jours de beau temps (été et automne).

Ces changements de température, bienfaisants quelquefois en été, mais nuisibles lorsqu'ils surviennent au printemps ou à l'automne, sont dus à la proximité des Pyrénées.

Les jours de neige et de gelées sont rares dans le centre du département. On observe, par an, en moyenne, 14 jours de neige et 40 jours de gelées.

Le vent dominant est le vent d'autan ou vent du sud-est; il dessèche tout sur son passage, incommodant hommes et animaux. Il souffle rarement du nord, il provoque alors un refroidissement de la température. Le vent d'ouest amène de l'océan les orages, la pluie et les bourrasques de neige. Ces orages sont surtout fréquents en été et au printemps.

Il y a environ trois mois de saison pluvieuse et neuf mois de saison sèche. La hauteur des pluies est de 700 m/m (moyenne de la France, 770 m/m). Toute la partie du département constituée par les terres-forts est peu humide, car la roche calcaire étant perméable, les eaux ne stagnent pas à la surface du sol.

La température moyenne de 13° montre bien sous quel climat privilégié est située Toulouse. Le peu de rigueur de cette température permet des cultures extrêmement variées et surtout une production maraîchère très intense dans toute la vallée de la Garonne (légumes, fruits et fleurs).

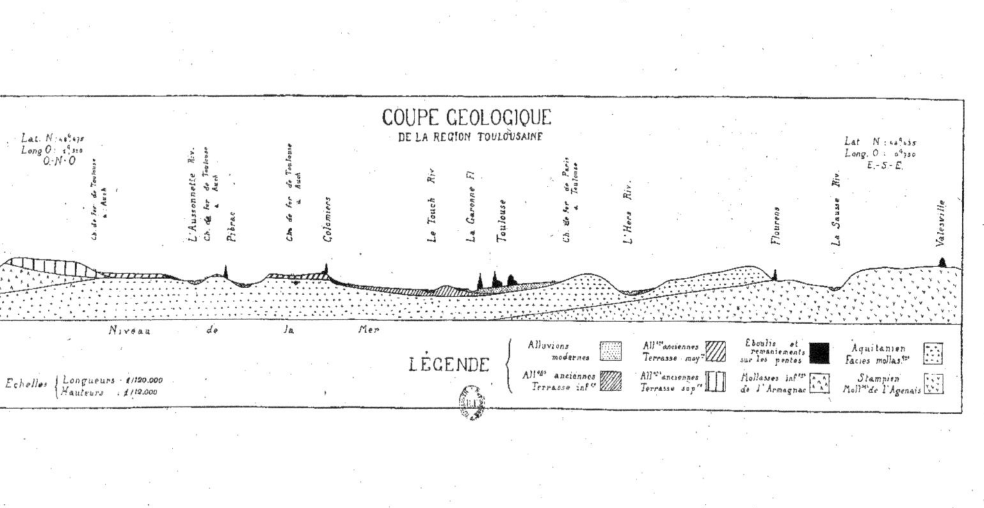
COUPE GEOLOGIQUE
DE LA REGION TOULOUSAINE
O.-N.-O
E.-S.-E.
Merenvielle
Ch. de fer de Toulouse à Auch
L'Aussonnelle Riv.
Pibrac
Colomiers
Le Touch Riv
La Garonne Fl
Toulouse
Ch. de fer de Paris à Toulouse
L'Hers Riv.
Flourens
La Sausse Riv.
Valesville
Niveau de la Mer
LÉGENDE
Alluvions modernes
All. anciennes Terrasse inf.
All. anciennes Terrasse moy.
All. anciennes Terrasse sup.
Eboulis et remaniements sur les pentes
Mollasses inf. de l'Armagnac
Aquitanien Facies mollas.
Stampien Moll. de l'Agenais
Echelles { Longueurs : 1/120.000 Hauteurs : 1/12.000

CHAPITRE II

GEOLOGIE & AGROLOGIE

> De ces grands monts l'humble contemporain,
> Ce quartz était un roc, le roc n'est plus qu'un grain,
> Mais, fils du temps, de l'air, de la terre et de l'onde,
> L'histoire de ce grain est l'histoire du monde.
>
> (DELILLE.)

Si l'on examine une carte géologique du Sud-Ouest, on peut se rendre compte qu'elle comprend deux régions bien distinctes : la montagne et la plaine, autrement dit : la région pyrénéenne et la région mollassique sous-pyrénéenne.

La région mollassique sous-pyrénéenne, formée par les débris des Pyrénées, contraste d'une façon très nette avec la région pyrénéenne. A cette dernière, aux profils heurtés, variés, succède la monotonie résultant de la constance du faciès mollassique et marneux, dans lequel l'érosion a sculpté un relief amolli et très uniforme. Vu d'un point culminant, on dirait un grand plateau dans lequel le ruissellement a modelé un grand nombre de coteaux, arrondi et creusé un grand nombre de vallons venant aboutir aux vallées de l'Ariège et de la Garonne. Dans son ensemble, cette région est formée par du terrain tertiaire calcaire ou mollasse d'eau douce.

Au point de vue géologique qui correspond au point de vue orographique, on peut subdiviser cette région mollassique sous-pyrénéenne en deux parties bien distinctes :

La plaine (vallées).

Les coteaux.

La vallée de la Garonne est formée de trois terrasses superposées qui montrent assez bien toute l'étendue que la Garonne occupait au début de l'époque quaternaire. La composition de chacune de ces terrasses est d'ailleurs assez variable.

Les coteaux constituent le Lauraguais, ainsi qu'une partie du Pays Toulousain située au nord-est de Toulouse, entre la vallée de la Garonne et les terrasses de la vallée du Tarn. Ce sont des sols relativement secs, dont l'âge varie de l'oligocène inférieur au miocène inférieur.

Ces deux subdivisions de la région mollassique sous-pyrénéenne pourraient encore être désignées sous le nom des terrains qui les caractérisent ; non seulement par leur formation, mais par les cultures qu'ils portent :

Les boulbènes et les terres-forts.

I. LES BOULBÈNES

Ce sont les alluvions anciennes de nature silico-argileuses qui s'étagent pour former les trois terrasses superposées de la vallée de la Garonne.

Sur les terrasses supérieures, les cailloux n'existent presque pas ; par suite de ce grand facteur d'érosion, le temps, ils se sont désagrégés :

Le quartz et le mica ont donné des graves ou sables ;

Le feldspath a donné une argile blanche.

Cette décomposition minéralogique a rendu silico-argileuses, c'est-à-dire compactes et tenaces des terres qui n'auraient été que siliceuses. Certains terrains, d'ailleurs, notamment dans la terrasse intermédiaire où la transformation n'est pas complètement achevée, sont restés nettement siliceux et ne permettent que la culture de la vigne.

Ces terres silico-argileuses sont désignées dans le pays sous le nom de « boulbènes battantes ou boulbènes froides ». Ces boulbènes reposent sur un conglomérat formé de cailloux cimentés par une matière ferrugineuse désignée sous le nom de « grepp ».

Ces terrasses d'alluvions plus ou moins anciennes constituent des terrains plats d'aspect monotone. On y rencontre des bois de chêne tels que la forêt de Bouconne, ainsi que de beaux champs de céréales, dès qu'il y a un peu de limons. La vigne réussit bien dans les sols caillouteux où le grepp ferrugineux affleure. La caractéristique de ces terrains est le manque de chaux, il en résulte donc que le bétail est peu important et peu précoce.

La terrasse inférieure constituée par la vallée actuelle de la Garonne forme, à partir de son confluent avec la vallée de l'Ariège « la plaine toulousaine ».

Cette plaine est occupée, au nord de Toulouse, dans les parties les plus basses, par des herbages qui nourrissent des troupeaux de vaches laitières ; les parties hautes sont souvent occupées par des prairies artificielles irriguées dans la mesure du possible par les différents canaux d'irrigation ou de transports qui rayonnent autour de Toulouse. Les endroits qui ne sont pas sujets aux incursions du fleuve constituent des terrains très riches ou peuvent venir toutes les cultures, mais c'est surtout une terre de prédilection pour le blé et le maïs, ainsi que pour la culture des primeurs.

Les petites vallées n'ont pas de systèmes de terrasses importants. Elles ont creusé leurs lits dans les grandes terrasses de la vallée de la Garonne, mettant à nu le substratum mollassique et marneux dans lequel s'est effectué le creusement de la vallée principale. Ces petites rivières ont déposé des alluvions d'une très grande richesse.

Les boulbènes s'agglutinent et se tassent par l'effet de l'humidité et des pluies pour se durcir comme le roc si elles sont saisies dans cet état par le chaud soleil du midi, ou bien encore par les gelées ; cet état de choses les rend très difficiles à travailler et demande, pour la culture dans cette région, une grande expérience et surtout un matériel assez important permettant d'effectuer, au moment favorable, tous les travaux devenus indispensables.

II. LES TERRES-FORTS

Ils forment les collines argilo-calcaires de 300 mètres d'altitude au maximum qui constituent tout le Lauraguais. Ce sont des terrains relativement secs qui appartiennent à l'oligocène.

A sous-sol composé de marnes et de mollasses oligocènes et miocènes, à sol argilo-calcaire, cette région est également très favorable à la culture des céréales (blé, maïs).

Ces terres-forts se sont formés très lentement par des sédiments fluvio-lacustres (ancienne vase de ces lacs). Quoique l'aspect général semble être partout le même, on trouve, lorsque l'on y regarde de près, une grande diversité de composition dans laquelle dominent les trois éléments suivants :

1° Une roche argilo-calcaire s'effritant à l'air ;

2° Des marnes dont la couleur et la teneur en chaux varient à l'infini ;

3° Des poches de sable contenant du carbonate de chaux à l'état pulvérulent.

Les différents facteurs naturels et artificiels ont mélangé à la surface ces divers éléments, mais le sous-sol est resté le même. Ces terres-forts ont été plus ou moins décalcifiés par la suite des temps, et ils présentent actuellement toute la gamme des terres argilo-calcaires, depuis le terre-fort trop lourd jusqu'à la bonne terre, riche et meuble (1).

Les vallées qui traversent ces terres argileuses ont un terrain fait d'éléments mêlés, aussi sont-elles, en général, beaucoup plus riches que les coteaux proprement dits.

Cette région sera donc davantage propice à l'élevage ; malgré cela, elle reste un pays producteur de céréales, les meilleures terres du Lauraguais étant consacrées à la culture du blé et du

---

(1) Les collines situées dans le triangle compris entre la Garonne et l'Ariège, par leur constitution répondent aussi au nom de terre-forts.

maïs. Le Lauraguais a cependant donné naissance à une race de bœufs et à une race de moutons toutes deux très appréciées dans la région.

Les coteaux du Lauraguais constituent donc bien, comme nous l'avons vu précédemment, un des premiers greniers de France. Dans les bas-fonds, on trouve quelques prairies naturelles et des fourrages, mais nous ne sommes plus sur une terre à vignes ; les paysans s'obstinent quand même à produire sur les coteaux, où la vigne mûrit mal, à l'exception cependant de ceux qui sont orientés sur le versant méditerranéen, un vin âpre et acide qui a le seul mérite aux yeux de son propriétaire de n'être pas du vin acheté. Parfois ces collines sont recouvertes d'alluvions anciennes silico-argileuses qui portent des bois de chênes ou bien des landes de bruyères, ajoncs et genêts.

Hydrographie

Il n'y a qu'un seul bassin, celui de la Garonne. Ce fleuve traverse le département de la Haute-Garonne dans toute sa longueur, du sud au nord ; à 40 kilomètres de Toulouse, à Carbonne, c'est encore un torrent impétueux, mais après avoir reçu l'Ariège, la Garonne s'étale majestueuse pour passer à Toulouse. Ce fleuve, bien qu'il ne soit navigable qu'après avoir quitté le département, n'en constitue pas moins une grande richesse à cause de ses alluvions qui constituent de très bonnes prairies, et surtout par sa force motrice qui actionne de nombreux moulins et turbines sur son passage. La Garonne est sujette à des inondations redoutables, comme en témoignent les terribles inondations de 1875.

Les principaux affluents sont, sur la rive gauche et dans la région qui nous occupe : la Save, le Touch et la Louge ; sur la rive droits : l'Ariège, l'Hers grossi du Girou et, enfin, le Tarn, n'appartenant au département que sur une étendue de 20 kilomètres et qui, après être passé à Villemur, sort du département pour se jeter dans la Garonne à Moissac.

CANAUX

Le canal du Midi et le canal latéral à la Garonne ont leur point de jonction à Toulouse, aux Ponts Jumeaux. Le canal latéral suit la Garonne jusqu'à Castets, point à partir duquel le fleuve est réellement navigable. Le canal du Midi, œuvre de Riquet (1667-1781), entre dans le département de la Haute-Garonne au Seuil de Naurouze. C'est en cet endroit qu'il reçoit l'eau qui lui est nécessaire, grâce à un conduit artificiel appelé « rigole » qui, recueillant les eaux de la Montagne Noire, les amène exactement au lieu de partage du bassin de la Méditerranée et du bassin de l'Atlantique (longueur totale du canal, 241 km.) ; afin de régulariser le cours de cette rigole, on a établi de vastes bassins, dont le plus important est le bassin de Saint-Ferréol. « C'est, disait Bélidor, de son temps, le plus grand et le plus magnifique ouvrage qui ait été construit par les modernes. » (Archit. hydraulique.)

Dans les terres-forts, les eaux pluviales traversent la couche calcaire, mais elles ne vont pas très profondément, étant arrêtées par un sous-sol imperméable. Les puits sont nombreux, rarement à sec ; dans le fond des vallons, entre deux côteaux, on trouve fréquemment de petites sources.

FACTEURS ECONOMIQUES

CHAPITRE III

LA PROPRIETE
ET LE MODE D'EXPLOITATION

La terre au paysan fut une réalité au XIVe et au XVe siècles, mais ceci était un peu exagéré puisque, comme le fait remarquer le vicomte d'Avenel, les théories socialistes actuelles ne l'admettraient même pas. Ce n'est qu'à partir du milieu du XVIe siècle que la grande propriété commença à se constituer.

Il n'en reste pas moins vrai que, par suite de la richesse du sol et de la douceur du climat, seule la petite propriété puisse convenir dans cette région. Aux environs de Toulouse et des centres importants, on trouve des domaines de 100 hectares et plus ; mais souvent ils ne forment pas un tout uni, ils sont formés par la réunion de plusieurs métairies, de sorte que les bâtiments sont disparates et manquent d'unité pour une bonne surveillance. Ces grandes propriétés sont généralement exploitées directement par leurs propriétaires avec l'aide d'un contremaître, ou bien elles sont affermées.

Puis, l'on trouve les propriétés de 40, 50, 60 hectares, trop étendues pour être exploitées par le paysan qui ne dispose pas de capitaux suffisants, et pas assez grandes, d'autre part, pour satisfaire à l'activité et aux besoins d'argent de leurs propriétaires, aussi ces exploitations sont-elles souvent sous le régime du métayage.

Enfin, viennent les propriétés de 20 à 30 hectares qui appartiennent aux paysans. Cultivées réellement par leurs propriétaires, elles sont généralement en très bon état de culture ; il en est de même pour celles exploitées en métayage, car propriétaires et métayers, directement intéressés aux bénéfices, n'hésitent pas à travailler ferme.

Les propriétés qui se trouvent comprises dans ces deux dernières catégories peuvent rapporter à l'hectare autant qu'une grande propriété, mais elles se trouvent exposées à deux inconvénients qui sont :

D'abord le morcellement, qui fait perdre bien du temps, soit par suite de la distance à parcourir pour se rendre aux chantiers, soit par suite de la trop faible superficie de ces champs, imposant des tournées fréquentes, ce qui, non seulement fait perdre du temps, mais encore énerve les animaux.

Ensuite, les dépenses sont, proportionnellement, plus fortes sur une petite propriété que sur une grande.

A moins de faire partie d'un syndicat, le petit propriétaire ne peut bénéficier dans ses achats des tarifs de gros et des remises qui en sont la conséquence. Lorsque les cultivateurs n'auront plus peur de se laisser berner par le voisin, peut-être s'uniront-ils, lorsqu'ils auront enfin compris que seule « l'union fait la force » ; par le fait même de cette union, ils auront réalisé le meilleur système économique et ils se sentiront beaucoup plus forts commercialement.

Bien que le Syndicat central des Agriculteurs du Sud-Ouest groupe déjà plus d'une soixantaine de syndicats communaux, il est encore de toute nécessité de les développer davantage, d'y amener tous les cultivateurs sceptiques, afin d'augmenter leur puissance pour le plus grand bien de l'agriculture toulousaine.

En effet, si l'on conçoit que c'est le Sud-Ouest qui, de toutes les régions de France, peut livrer le premier son blé à la consommation, on se rend bien compte que les syndicats, secondés par les caisses de Crédit agricole, sont indispensables pour permettre à nos paysans de retirer de la vente de leurs produits les mêmes bénéfices que ceux réalisés par les agriculteurs de l'Ile-de-France ou du Nord. Sans ces groupements, le paysan, afin de pouvoir continuer l'exploitation de sa propriété, est obligé de vendre sa récolte dès qu'elle est battue, pendant que les courtiers et minotiers spéculent à leur plus grand profit sur ce blé qu'ils ont pu acheter à un cours très inférieur.

La valeur vénale des terres est assez élevée, elle varie entre 2.500 et 3.000 francs l'hectare, suivant la qualité du sol, correspondant à un revenu de 120 à 150 francs environ. La valeur locative varie autour de 100 à 110 francs l'hectare, lorsque les terres sont en bon état de culture ; mais reprises par un nouveau fermier après avoir été un peu délaissées, elles ne se louent plus que 70 à 75 francs l'hectare, si elles sont situées sur les boulbènes, et 75 à 80 francs l'hectare pour celles qui se trouvent sur les terres-forts.

A part le fermage, il existe, dans le Sud-Ouest, deux modes d'exploitations assez particuliers : le maître-valet et le métayage.

La gestion directe par maître-valet se fait sous la pleine responsabilité du propriétaire avec pertes et profits de l'exploitation uniquement pour lui. Le maître-valet n'est donc autre chose qu'un ouvrier agricole. Il est payé en moyenne 3.000 francs par an pour un domaine de 40 hectares, partie en espèces, partie en nature, plus une certaine part variable du croît à moitié. Ces 3.000 francs ne comprennent que la rétribution de l'homme, mais les autres membres de la famille reçoivent pour tout travail qu'ils exécutent un salaire qui est variable avec l'âge et le sexe. Dans ce genre d'exploitation comme dans le suivant d'ailleurs, il faut se méfier du cas où le maître-valet possède quelques terres à proximité de la métairie, car il aura tendance à délaisser celles qui lui sont confiées pour cultiver davantage les siennes qui lui sont tout profit. Quelquefois, on intéresse le maître-valet à son travail en lui abandonnant la moitié du bénéfice réalisé dans telle ou telle spéculation. Ce système exige donc un propriétaire compétent, s'intéressant au travail de la terre, vivant en permanence sur son domaine, car il doit tout diriger complètement. Ces conditions sont parfois difficiles à réaliser, d'autant plus que les petites propriétés où la gestion directe par maître-valet est en vigueur ne sont généralement pas assez étendues pour faire vivre les deux familles du propriétaire et du maître-valet. Aussi ce mode d'exploitation est actuellement en défaveur : appliqué à contre-temps, il peut conduire rapidement à la ruine, d'autant plus que les frais généraux augmentent en ce moment en raison inverse du rendement et de la conscience professionnelle de l'ouvrier agricole.

La gestion en participation, ou métayage, consiste à laisser au personnel, ou plutôt au métayer, chef de ce personnel, la direction plus ou moins complète de l'exploitation, et de l'y intéresser en partageant avec lui dans des proportions variables les profits et les pertes. Aujourd'hui, on tend de plus en plus à partager pertes et profits pour le tout, mais la plupart du temps le propriétaire est obligé d'avancer le cheptel et le matériel, le métayer n'ayant pas l'argent disponible pour payer sa part.

L'exploitation par métayage est assez répandue, car par la coopération du capital et du travail, qui est ainsi réalisée, c'est elle qui correspond le mieux aux goûts politiques actuels, c'est-à-dire au communisme, mais une preuve que ces goûts ne sont pas très ancrés dans l'esprit de nos paysans, c'est qu'au bout de peu de temps le métayer ne rêve plus que d'une chose : s'affranchir de cette sorte d'associé qu'est pour lui le propriétaire de la métairie et devenir fermier ou même propriétaire d'un petit bien, pour ne plus dépendre de personne.

Ce système a de très grands avantages ; par la participation du métayer aux pertes, il garantit dans une certaine mesure le propriétaire contre l'incurie et la négligence de son personnel qui, intéressé dans l'affaire, n'en travaille que mieux. Enfin, le métayage, très souple dans ses modalités, permet au propriétaire, selon les circonstances, d'exercer une influence plus ou moins marquée sur la gestion de la propriété, ou même de laisser à son métayer une autonomie complète. A fin de bail, on doit procéder :

1° Au règlement final du compte d'exploitation;

2° A la vérification de la situation des cultures. Les terres ont dû être cultivées d'après l'assolement anciennement en usage et doivent être rendues en bon état avec les façons habituellement faites à cette époque de l'année ;

3° A l'évaluation des pailles et fourrages ;

4° A la restitution des instruments aratoires ;

5° A l'évaluation du cheptel et à la répartition des moins-values et des plus-values.

Un inventaire, dressé au moment de la prise de possession par le métayer, facilite beaucoup les règlements au moment de la liquidation, car étant donné la crise financière qui sévit actuellement en France, les règlements doivent se faire plutôt en nature qu'en argent, parce que dans ce dernier mode, l'un ou l'autre des contractants pourrait être gravement lésé. Ceci s'applique aussi bien au fermage.

Le fermage a tendance à remplacer peu à peu l'exploitation par maître-valet et même celle par métayage. Mais ce système a un grave défaut sur le précédent, car le fermier dirige l'exploitation comme il l'entend ; l'intérêt du propriétaire étant de conserver sa terre en bon état et celui du fermier de lui faire rendre son maximum pendant la durée du bail. Les baux se font généralement à trois, six, neuf ans. Les impôts fonciers sont à la charge du propriétaire. Le fermier a le droit de résilier le bail au bout de trois ans, prévenant un an à l'avance si les résultats d'une exploitation régulière ne sont pas en rapport avec les charges qui lui sont imposées. Les règlements, ainsi que les changements de fermier ou de métayage, se font, suivant la tradition, de la Toussaint à la Saint-Martin (1er au 11 novembre).

CHAPITRE IV

MAIN-D'ŒUVRE

On rapporte que, déjà, dans la seconde moitié du XVe siècle, l'agriculture toulousaine souffrait du manque de main-d'œuvre par suite d'inondations qui avaient dépeuplé la région, et, en 1472, Louis XI favorisait la venue des étrangers dans le pays, pour compenser ce dépeuplement. Et, aujourd'hui encore, malgré l'emploi de machines de plus en plus perfectionnées, on n'est pas encore arrivé à remplacer complètement l'homme, c'est-à-dire qu'ici comme dans toute la France, la question de la main-d'œuvre est assez critique pour l'agriculture.

Les jeunes générations, attirées par le travail facile et rémunérateur qu'on leur offre dans les usines, ainsi que par les descriptions enchanteresses, mais bien illusoires, qu'on leur fait des villes, abandonnent de plus en plus la terre pour ces dernières. On peut très bien s'en rendre compte par le nombre d'étrangers qui se sont fixés dans le Sud-Ouest.

Ceux-ci sont principalement des Italiens (Piémontais), car l'agriculture, dans les plaines du Piémont, ressemble beaucoup, paraît-il, à celle de la vallée de la Garonne. Cette émigration italienne est bien près d'arriver à son point de saturation.

Les propriétaires, les maîtres-valets et les ouvriers agricoles sont assez satisfaits de leur nouvelle vie, mais il n'en est pas de même des fermiers, qui se plaignent parfois d'avoir été victimes de contrats désavantageux et d'avoir trouvé des terres incultes.

Les Espagnols sont peu nombreux en tant qu'exploitants réguliers. Mais à partir du 15 septembre, les trains arrivant de la frontière sont bondés de familles espagnoles venant se louer pour les vendanges. Ces ouvriers sont logés tant bien que mal sans distinction de sexes, dans les granges, les étables, etc. Etant donné la crise de la main-d'œuvre française, ces ouvriers étrangers se montrent assez exigeants quant aux salaires. Un comité de main-d'œuvre s'occupe de leur recrutement et de leur placement.

Il n'est pas rare de trouver dans les noms d'exploitation, les mots « Bordes » ou bien « La Bourdette » ; ceci provient de ce qu'autrefois c'était sous ce nom que l'on désignait les métairies. Les bordes, assez grandes, étaient habitées, tandis que les bourdettes n'étaient que de simples abris. Le mot « bordier » sert d'ailleurs encore à désigner le métayer. Dans les métairies, le maître-valet ou le métayer exploite seul avec l'aide de sa famille, c'est-à-dire que l'ouvrier agricole est assez rare. Cependant, lorsque les enfants sont en bas-âge ou que la métairie est trop étendue, on prend un domestique que l'on nourrit, loge et paye à l'année.

Le père assure la direction générale ; aussitôt sortis de l'école, ses fils viennent l'aider et le remplacent peu à peu, ne lui laissant plus que la direction commerciale, car il se fait vieux et le travail de la terre le fatigue. Les femmes vont rarement aux champs, elles font tous les travaux intérieurs, soignent la volaille et ceci représente un assez gros travail dans une métairie du Sud-Ouest, car les troupeaux de dindons et d'oies sont souvent importants. Dès l'âge de cinq ou six ans, les enfants, armés d'un long bâton, mènent cette volaille paître dans les champs.

Aussi la natalité est-elle forte dans cette région, car le paysan a besoin d'aides et il n'en trouve pas de meilleurs qu'en ses fils. Ainsi comprise, la petite exploitation doit rendre le maximum. Il y a cependant certaines époques de l'année, au moment des gros travaux de moissons, de battages, où la famille ne peut suffire pour exécuter le travail, on fait alors appel à des journaliers. Ceux-ci sont souvent de petits propriétaires qui, n'ayant pas assez de travail chez eux, cherchent à s'occuper dans le voisinage ; leurs salaires augmentent pour ainsi dire chaque année ; en 1925, on donnait, par jour, pour des ouvriers agricoles :

Hommes : 10 francs, plus un litre de vin ;

Femmes : 8 francs, plus un litre de vin :

mais, à la même époque, un bûcheron était payé entre 12 et 16 francs par jour.

Dans cette région de petites cultures, les fermes sont peu distantes les unes des autres ; aussi, souvent, pendant les longues veillées d'hiver, on se réunit les uns chez les autres, soit pour causer, soit pour faire quelques travaux intérieurs, tels que le râpage du maïs ou bien l'effeuillage du maïs à balais. Le phonographe et, maintenant, la T. S. F., qui se répandent beaucoup dans nos campagnes, égayent un peu les soirées de ceux qui sont privés des prétendus plaisirs de la ville.

Tous les villages sont éclairés maintenant à l'électricité. Les torrents qui descendent des Pyrénées et les rivières de la Montagne Noire constituent une réserve formidable d'énergie électrique. Lorsque cette réserve aura été réalisée, on pourra peut-être songer à distribuer dans nos campagnes à la fois force et lumière. Entre autres, la force électrique trouverait une très bonne utilisation dans les travaux de vendanges (égrappoirs, fouloirs, pressoirs, pompes, etc.). En rendant le travail plus facile, plus agréable, l'électricité peut, dans une certaine mesure, enrayer la désertion paysanne.

Le battage se fait à l'entreprise ; la machine passe successivement chez chaque cultivateur, que viennent aider ses voisins, à titre de revanche. Ceci a un inconvénient, c'est que, comme l'on doit toujours rendre en nature le travail qui a été fait chez soi par tel ou tel voisin, le travail à la métairie est un peu délaissé pendant toute cette période.

On voit donc par là que si la coopération dans les achats ou les ventes n'est pas encore complètement réalisée, il n'en est pas de même pour le travail proprement dit, et qu'il règne entre les paysans un grand esprit de solidarité et d'entr'aide, tout au moins tant que les questions d'argent ne sont pas en jeu, car à partir de là, la cupidité paysanne reprend tous ses droits.

CHAPITRE V

DEBOUCHES - VOIES DE COMMUNICATION

Toute l'activité de la plaine reflue vers la métropole de la région, vers Toulouse, ancienne capitale du Haut-Languedoc, qui, de par sa situation géographique et la disposition des voies ferrées, est en communication rapide et directe avec la capitale et les deux ports de Marseille et de Bordeaux, pour les exportations vers l'Extrême-Orient et l'Amérique du Sud. De même, elle est en relation active avec l'Espagne par Barcelone.

Les voies ferrées rayonnent tout autour de Toulouse, dépendant des deux réseaux du Midi et de l'Orléans.

1° La ligne de Toulouse, Montauban, Paris, traversant toute la plaine, facilite l'écoulement rapide des primeurs vers Paris et l'Angleterre. Les relations avec l'Angleterre sont facilitées par un service rapide entre le Midi et Londres *via* Calais par ferry-boats, c'est-à-dire sans transbordement. Le train venant de Montauban est groupé à Paris-La Chapelle, avec un autre convoi dont le point de départ est Avignon.

2° La ligne du Midi : Bordeaux, Toulouse, Cette, Marseille, qui, avec le canal du Midi et le canal latéral à la Garonne — auxquels elle fait d'ailleurs une très grande concurrence — permet l'envoi des reproducteurs vers les ports d'exportation. Les relations du Haut-Languedoc avec la Méditerranée ont toujours été très développées, surtout à partir des Croisades, où le commerce du Haut-Languedoc s'était comme incliné vers la Méditerranée et tourné vers l'Orient ; du reste, les comtes de Toulouse étaient comtes de Tripoli...

3° La ligne de Toulouse à Albi et Lyon par le Massif Central et, enfin, les lignes de Toulouse à Auch et de Toulouse à Foix.

Il y a, en outre, un réseau assez important de chemins de fer dits « d'intérêt local », qui vont avec les services d'autobus jusque dans les plus petits villages, rendant ainsi les communications avec Toulouse aussi faciles que possible.

Les chemins de fer économiques du Sud-Ouest comprennent les quatre lignes suivantes :

Toulouse à Boulogne-sur-Gesse et à Saint-Lys ;

Toulouse à Pailhès, par Muret ;

Toulouse à Villemur.

Sur chacune de ces lignes, il y a, en général, un train par jour dans chaque sens; les jours de marché, le service est intensifié.

Le réseau routier est également très important et bien entretenu ; signalons, entre autres routes, la route nationale qui relie Toulouse à l'Espagne.

Toulouse est également un grand centre d'aviation commerciale par les lignes Latécoère qui desservent toute l'Afrique du Nord et mettent la France à douze heures de Casablanca.

CANAUX

Avant l'invention des chemins de fer, les canaux étaient, pour le commerce, le mode de transport le moins onéreux. Mais la rapidité et la facilité des transactions par chemins de fer donnèrent un coup fatal à la compagnie concessionnaire du canal. Celui-ci ne servit plus qu'à transporter certaines marchandises telles que le vin ou les grains, ainsi que les matériaux très lourds. Craignant cependant une concurrence qui n'aurait jamais pu être bien redoutable, la Compagnie des Chemins de fer du Midi racheta le canal, mais l'exploitation se traduisit bientôt par un déficit pour le nouveau propriétaire. En 1897, l'Etat racheta à la Compagnie du Midi, le canal du Midi et le canal latéral. Ceci eut un double résultat : d'abord le commerce et la batellerie ont joui, à partir du rachat, de la gratuité absolue de la navigation sur les deux canaux, d'autre part, la Compagnie des Chemins de fer du Midi, pour ne pas être trop concurrencée dans le transport des vins, farines, charbons et denrées peu périssables, a dû abaisser ses tarifs. Cet abaissement de tarifs a d'ailleurs entraîné une augmentation de trafic qui a compensé dans une certaine mesure la perte subie.

Le mode de transport par camions existe pour le ravitaillement des cafés, des épiceries, etc., ainsi que pour le transport des grains. Pour les petites distances, il est beaucoup moins onéreux que le chemin de fer, car il évite des transbordements toujours coûteux aux deux gares de départ et d'arrivée. Les maraîchers de la banlieue nord de Toulouse apportent leurs produits tous les matins au marché Arnaud-Bernard, dans des petites carrioles à deux roues, appelées « jardinières ». Vers le milieu de septembre, quand les chasselas sont mûrs, on voit arriver, vers les 6 heures du matin, aux portes de Toulouse, de longues files de ces jardinières, qui apportent par paniers de 10 kilos les raisins que les femmes et les enfants ont cueillis et triés la veille pendant que l'homme se reposait de son voyage précédent, car s'il habite à 25 kilomètres, et même plus, de Toulouse, il doit partir dès 2 heures du matin, s'il veut avoir la bonne place sur le marché et ne pas fatiguer sa bête. Pendant la vente des chasselas, l'exploitation de la propriété est un peu abandonnée ; c'est pour cela qu'il serait à souhaiter que les producteurs d'un même village se groupent pour former une coopérative de transport, qui serait, certes, le moyen le plus pratique et le moins coûteux.

A part le marché d'Arnaud-Bernard, qui a lieu tous les jours à Toulouse et par où passent tous les primeurs de la vallée de la Garonne, on peut signaler les foires suivantes, qui ont une certaine importance :

Toulouse : lundi après Quasimodo (elle dure huit jours) ; lundi après la Pentecôte (elle dure trois jours) ; le 30 novembre (durée, huit jours).

Fronton : le 30 avril, le 16 août et le 9 décembre. La durée est de deux jours chaque fois. En outre, il y a marché une fois par semaine.

Le jour de la Saint-Barthélemy, a lieu à Toulouse, sur la place de ce nom, une foire à l'ail, foire très curieuse et tout à fait particulière au Sud-Ouest, mais bien couleur locale, et où l'on vient s'approvisionner de partout.

Deuxième Partie

SPÉCULATIONS VÉGÉTALES

CHAPITRE PREMIER

ASSOLEMENT

A. Thouin, célèbre botaniste du XVIIIe siècle, définit l'assolement : « L'art de faire alterner la culture sur les mêmes terrains pour en tirer constamment le plus grand profit, avec le moins de frais possible. »

Il faudra donc, dans un assolement régulier :

Eviter l'épuisement du sol ;

Entretenir la terre dans un état convenable d'ameublissement.

Le principe de l'assolement est de faire succéder à une plante épuisante, une culture améliorante ; à une culture salissante, une plante nettoyante ; de faire suivre une plante à racines courtes d'une autre qui ait des racines plus développées, pour mieux utiliser les matières fertilisantes contenues dans le sol et le sous-sol.

Il est assez difficile de trouver, pour chaque métairie, un assolement bien défini. On ne peut pas, en effet, arriver à une rotation très régulière sur ces petites propriétés formées de parcelles souvent très restreintes. Il faudrait, pour avoir un assolement régulier, diviser souvent ces parcelles, qui ne le sont déjà que trop, pour le passage des instruments aratoires (ce qui gêne suffisamment la culture).

Ce qui se produit alors, c'est que le cultivateur change sa rotation suivant ses exigences, tout en s'efforçant de suivre les lois qui régissent l'alternance des cultures, chose à laquelle il n'arrive pas toujours, comme nous le verrons plus loin.

Comme dans toute région de propriétés morcelées, les assolements seront assez longs, car les cultures sont nombreuses.

Sur les terres-forts, où l'élevage n'intéressait guère l'agriculteur, l'assolement était autrefois :

1re année : Blé.
2e » : Maïs.

La troisième année était conservée comme jachère nue. Quelquefois, on faisait entrer dans la rotation la culture de la fève précédant celle du blé, mais cette culture, très salissante, nuisait à la céréale.

La jachère, si elle n'a pas complètement disparu, a beaucoup diminué, parce qu'elle constitue une perte sèche. D'ailleurs, depuis quelques années, la culture des fourrages s'étant beaucoup développée, par de meilleures méthodes de culture, par l'emploi des engrais, l'assolement sur ces mêmes terres-forts du Lauraguais s'est transformé en celui-ci, laissant une grande place aux céréales :

1re année : Céréales.
2e » : Maïs (avec haricots).
3e » : Jachère nue ou cultivée (fèves, vesces, etc.)
4e » : Céréales.
5e » : Sainfoin.
Hors-sole : Luzerne.

Dans cet assolement, on fume le maïs. Les céréales profitent de l'azote mis en réserve dans le sol par les fourrages et, avec un apport très minime d'engrais, puisque les terres-forts sont riches en anhydride phosphorique et en potasse, elles peuvent encore donner de bonnes récoltes. Nous avons donc là une rotation assez régulière, qui permet, en outre, étant donné la large place faite aux prairies artificielles, de nourrir un troupeau important.

Voici un autre genre d'assolement pratiqué dans une métairie dont les terres silico-argileuses ont été complètement épuisées par une exploitation antérieure faite sans aucun principe. Cet assolement se rapproche beaucoup du précédent, mais les fourrages y entrent pour une plus grande part, car il est nécessaire d'avoir du bétail pour rendre aux terres l'humus qu'on leur a enlevé, cet élément étant indispensable pour conserver l'humidité et surtout pour permettre aux plantes d'assimiler les autres principes.

Première sole :

Blé.

Deuxième sole

Plantes sarclées fumées (maïs, haricots, pommes de terre).
Avoine.
Fourrages.

Troisième sole :

Sur maïs : vesces.
Sur avoine : fourrages.
Sur fourrages : fourrages de 2e année.

Hors-sole :

Luzerne : 5 à 6 ans.

Dans ces conditions, l'avoine donnera de plus faibles rendements, car elle vient après blé de défriche qui se sera développé en épuisant les matières fertilisantes du sol mises pour le maïs et fixées par la prairie artificielle.

L'établissement d'un tel assolement se justifie par le fait que la pauvreté du cheptel empêche de fumer abondamment la plante sarclée qui devrait précéder la céréale, comme cela se pratique dans le Nord ; il est donc beaucoup plus prudent de semer le blé sur défriche de luzerne et de réserver le fumier pour les petites surfaces.

Voici un autre genre d'assolement, pratiqué dans un domaine situé tout au nord du département, sur les boulbènes les plus sèches :

1re année : Légumineuse.
2e » : Blé (fumé).
3e » : Avoine.

On met chaque fois une légumineuse différente (luzerne, trèfle, lotier, vesces, féverolles ou bien maïs sarclé).

Cet assolement, laissant une large place aux légumineuses, correspond tout à fait aux besoins actuels de l'agriculture toulousaine : l'augmentation du cheptel vif et un meilleur rendement en céréales.

L'assolement suivant est en vigueur dans une ferme mixte, c'est-à-dire dans une exploitation à culture et élevage des bovins :

1re sole : Avoine.
2e » : Maïs.
3e » : Blé.
4e » : Fourrages.
5e » : Blé ou avoine.

Seules les deux premières soles : avoine et maïs, sont fumées.

L'importance du cheptel vif permet d'intensifier la culture des céréales ; peut-être serait-il plus intéressant de remplacer la première sole (avoine) par des fourrages ; on pourrait ainsi reporter toute la fumure sur le maïs et l'on ne risquerait pas de se trouver à court pour l'alimentation du bétail, qui pourrait, d'autre part, être accru dans une certaine mesure.

Assolement pratiqué sur les coteaux de terres-forts, plus propres à la culture qu'à l'élevage :

1re année : Blé (fumé).
2e » : Maïs (haricots).
3e » : Avoine.
4e » : Fourrages, 3 ans.

On pourrait faire une légère modification à cet assolement. Mettre : fourrages après maïs, avant l'avoine. On obtiendrait ainsi de meilleures récoltes de cette dernière céréale qu'après maïs non fumé.

L'emploi très rationnel des engrais permet de passer sur ce détail, tout en obtenant des rendements bien supérieurs à la moyenne de la région.

Comme nous venons de le voir, dans tous ces assolements, tantôt l'on met la fumure sur le blé, tantôt sur le maïs. Ceci varie un peu avec les localités, mais l'élite des agriculteurs préfère fumer la céréale. Il n'est pas pratique, en effet, de fumer le maïs en mai, car les terres collent et s'abîment. La verse est peu probable, car les doses de fumier que l'on peut mettre (20 à 30.000 kgs à l'hectare), considérées comme grosse fumure dans le Midi, ne seront jamais que des demi-fumures dans le Nord et employées couramment, et si d'autre part, on a bien travaillé le sol par des façons superficielles pour entretenir l'humidité et si l'on a apporté une forte dose d'acide phosphorique qui donne de la résistance à la tige.

CHAPITRE II

FERTILISATION DU SOL

I. — **Fumier**

Un assolement, si bon soit-il, ne peut suffire ; il est de toute nécessité de rendre au sol les éléments fertilisants qui lui ont été enlevés par les cultures.

On lui rend ces matières sous forme d'engrais organiques ou d'engrais minéraux.

Cette question de la restitution n'est pas encore au point dans tout le Pays Toulousain.

D'abord, il y a peu de fumier, car, comme nous le verrons au chapitre « Spéculations animales », la caractéristique de la Haute-Garonne est l'insuffisance du cheptel vif par rapport à la surface cultivée.

Ensuite, le traitement du peu de fumier dont on dispose est assez rudimentaire. Peu d'exploitations disposent d'une plate-forme à fumier. Le purin s'écoule n'importe où, corrompant les mares, les puits, et l'on supporte ainsi, faute de soins, de grosses déperditions d'AzH^3 sous forme de carbonate d'ammonium.

L'ardeur du soleil et les écoulements du purin ont tôt fait de diminuer, pour ne pas dire d'annuler, la valeur du fumier.

Sur les boulbènes, on devra fumer souvent, mais peu à la fois, car la silice, le sable, ont la propriété de nitrifier très rapidement et, par suite, l'azote contenu dans du fumier mis en abondance pourrait être entraîné par les eaux pluviales. Sur ces terres, tout ce qui peut constituer un humus doit être employé, car la sécheresse estivale est funeste.

Dans les terres argileuses, compactes, c'est-à-dire sur les coteaux des terres-forts, on met du fumier pailleux en abondance. Pailleux, parce qu'il allège la terre ; en abondance, parce que l'argile nitrifie lentement.

Dans les terrains en pente, on fume davantage la partie haute, les eaux pluviales se chargeant d'entraîner les matières fertilisantes vers le bas.

Le vrai moyen de remédier à cet état de choses, étant donné qu'il est peu probable que le nombre de têtes de bétail augmente, c'est de développer la culture des fourrages, afin de mieux entretenir le bétail existant et d'enrichir le sol en azote fixé par les nodosités des légumineuses, les autres principes fertilisants étant mis dans le sol sous forme d'engrais minéraux.

II. — **Engrais minéraux**

Que l'on mette ou non du fumier, il est indispensable, pour compléter la restitution, d'employer d'autres engrais.

L'étude de l'application de ces engrais comprendra deux parties, suivant qu'il s'agira des boulbènes ou des terres-forts.

Le paysan n'a qu'une très faible idée de la nécessité de ces apports d'engrais. Lorsqu'une terre a besoin de matières fertilisantes, il dit : « Je vais mettre de l'engrais », sans se préoccuper de la composition de leur terre, et cet engrais est invariablement du superphosphate. Le super donne, en effet, de très bons résultats dans les terres-forts, sur les cultures de blé, mais seulement lorsque celui-ci vient après des plantes sarclées fumées et lorsque la terre est bien préparée. Ces conditions ne sont pour ainsi dire pas réalisées, ce qui explique la faible moyenne du rendement en céréales dans la région.

C'est pourquoi nous nous étendrons plus particulièrement sur l'utilisation des engrais phosphatés.

ENGRAIS PHOSPHATÉS

D'une façon générale, toutes les terres de la Haute-Garonne manquent d'anhydride phosphorique.

D'après les analyses suivantes de diverses terres de la Haute-Garonne, on voit que partout, qu'il s'agisse de terres-forts ou de boulbènes, de terres en coteaux ou en plaines, de sols caillouteux, graveleux ou non, l'anhydride phosphorique est en quantité insuffisante.

Localités	Genres de terres	Anhydr. Phos. ‰
Bessières	silico-argileuses	0,553
Villefranche-de-Lauraguay	argilo-calcaires	0,177
Cazères-sur-Garonne	silico-argileuses	0,774
»	argilo-siliceuses	0,880
Léguevin	silico-arg.-graveleuses	0,445
Grenade	»	0,343
Fronton	»	0,400

Les cultivateurs comprennent difficilement le rôle de cette matière fertilisante. Il est cependant indéniable qu'actuellement les engrais phosphatés s'emploient de plus en plus. Mais il y a ceux qui les emploient d'une manière raisonnée, et ceux qui se laissent entraîner aveuglément par l'espoir de meilleures récoltes ; ils en mettraient même si leurs terres n'en avaient pas besoin. D'autres, pour qui le culte des ancêtres est primordial, disent : « Autrefois on ne mettait pas de tout ça ». A quoi l'on pourrait répondre : « Oui, mais autrefois on avait souvent des années maigres ; de plus, la concurrence des pays du Nouveau-Monde, favorisée par de nombreux moyens de communications, ne permet plus de rester dans cette inertie. »

L'influence des engrais phosphatés dans les terres très pauvres ne se fait parfois sentir que la deuxième année, car la terre absorbe d'abord pour elle-même.

Le plus utile des engrais phosphatés serait le phosphate de chaux, car il apporte en même temps l'anhydride phosphorique et la chaux, sans laquelle l'assimilation est moins intense, mais ce sont les supers qui s'emploient le plus, à l'automne, ou même pendant l'hiver, pour les cultures printanières. Pour les céréales d'hiver, on les enterre par le labour précédent ou accompagnant les semences ; pour les prairies et les vignobles à créer, on les enterre par le labour de défoncement, ou bien on les met en couverture sur les prairies déjà établies.

Les vraies terres à blé du Lauraguais sont cependant riches en anhydride phosphorique. Dans les terres du canton de Revel, on trouve des nodules de phosphates, pas en assez grande abondance pour permettre une exploitation rémunératrice, mais qui cèdent cependant, sous l'action des agents atmosphériques, une partie de leur anhydride phosphorique aux cultures.

ENGRAIS AZOTÉS

L'azote se fixe facilement dans les terrains argileux par des labours répétés ; on a même prétendu que les terres du Lauraguais, essentiellement argileuses, n'avaient pas besoin d'être fumées, mais seulement labourées. En ameublissant le sol, ces labours mettent ou mettraient en contact avec l'azote atmosphérique des tranches de terre capables de fixer cet azote par la fermentation des matières végétales en décomposition, qu'elles contiennent.

C'est dans les terres-forts que les engrais azotés donnent les meilleurs résultats, parce que par leur compacité ces terres les retiennent plus longtemps, tandis qu'au contraire les boulbènes, étant siliceuses, en laissent perdre une grande quantité. L'azote étant très cher, les engrais dits azotés ne doivent être employés que comme compléments. Mais comment les remplacer, puisque le fumier est très insuffisant? Par la culture des fourrages, que l'on enfouit en vert, autrement dit en pratiquant la sidération.

Les engrais azotés les plus employés sont le nitrate de soude et le nitrate de chaux et, depuis quelque temps, la cyanamide.

L'agriculteur toulousain est très bien placé pour avoir de la cyanamide à des prix modérés. En effet, la cyanamide calcique était fabriquée en grand pour les poudreries, par les usines de Marignac et de Luchon, appartenant à la Compagnie l'Electricité Industrielle. En 1918, ces usines ont continué leur fabrication, fournissant un engrais azoté très apprécié, d'autant plus que cet engrais, grâce à des procédés spéciaux, est livré en sacs sous forme de petits grains, ce qui évite les poussières lorsqu'on le manie. L'azote sous cette forme peut se répandre en même temps que l'on fait les semis, ce qui favorise la germination des grains, qui trouvent tout de suite des éléments assimilables.

Plus généralement, on le répand huit à quinze jours avant les semailles et, pour éviter une perte d'azote par dégagement d'ammoniaque, on l'enterre par un léger labour ou par un hersage. On pourrait aussi l'employer en couverture.

La cyanamide contient, outre l'azote, de la chaux libre qui la fait très apprécier dans les sols non calcaires, ainsi que de petites quantités d'oxyde de fer, substance qui a une très bonne influence sur le vignoble.

En résumé, la cyanamide est à conseiller sur toutes les cultures. La majorité des terres de la Haute-Garonne en a besoin, surtout celles qui sont pauvres en chaux.

Nota. — Lorsque la Poudrerie de Toulouse, aménagée sous peu en industrie de paix, produira en grande quantité l'ammoniaque synthétique, d'après le procédé allemand Haber, cédé à la France en vertu du traité de paix, l'agriculture toulousaine aura à sa portée un puissant engrais azoté à des prix peut être plus abordables, et du même coup la France se trouvera affranchie des nitrates du Chili et sera libérée du danger du blocus, pour la fabrication des explosifs, en cas de guerre.

ENGRAIS POTASSIQUES

Les roches feldspathiques qui constituent les dépôts de la Garonne sont formées souvent d'un silicate double d'alumine et de potasse. Ces roches cèdent peu à peu, sous l'influence des agents atmosphériques, leurs principes potassiques sous forme de combinaisons chimiques produites par divers engrais ou amendements.

Les gros apports d'engrais potassiques ne sont pas très utiles sur les terres-forts, ni sur les terres d'alluvions, car ils en contiennent généralement assez, mais, par contre, il faudra en mettre sur les terres légères calcaires ou siliceuses, car souvent elles en manquent. Les apports de potasse dans ces dernières terres et sur le vignoble sont très utiles, car les assimilations des matières fertilisantes par la vigne doivent être rapides, afin que le raisin ait une bonne maturité.

Les quantités d'engrais potassiques à donner au sol seront indiquées, comme pour les autres engrais, à chaque culture ; actuellement, c'est encore un peu une question d'essai.

III. — **Amendements calcaires**

Pour que les engrais puissent produire leurs effets, pour que les substances contenues dans le sol soient assimilables par la plante, il est indispensable qu'il y ait de la chaux.

Les apports de chaux sont à peu près obligatoires dans tous les sols de la Haute-Garonne. Autrefois, on faisait des chaulages importants pour de longues périodes qui dépassaient dix ans ; actuellement, on a plutôt tendance à faire des chaulages moyens pour trois à quatre ans.

Le chaulage étant d'un prix de revient assez élevé, il arrive fréquemment que l'on mette des engrais contenant à la fois un engrais chimique et de la chaux : phosphate de chaux, nitrate de chaux, cyanamide.

Les terres-forts, des coteaux principalement, ont été plus ou moins décalcifiés par la suite des temps et, malgré la dénomination d'argilo-calcaire, ces terres-forts manquent souvent de chaux lorsqu'ils sont trop compacts ; 90 % de ces terres sont acides et demandent des engrais à base calcaire.

La prêle, ou queue de cheval, la consoude, une abondance de boutons d'or ou de renoncules, prouvent d'une façon certaine qu'une prairie manque de chaux.

Lorsqu'il s'agit d'une culture, on reconnaît l'acidité du terrain par la présence du tussilage ou pas d'âne, et la « binetto » (petite oseille).

Les boulbènes des terrasses de la Garonne ne

contiennent pas non plus de chaux ; cependant, il existe des carrières de marnes dans le sous-sol de ces boulbènes (molasses) qui ont contribué à la fertilisation des terres légères de ces régions.

Tous les terrains de transport qui constituent les différentes terrasses étaient autrefois de valeur moindres que les terres-forts ; ce n'est que par des amendements marneux, des terreautages, des drainages et une culture plus rationnelle, que l'on a transformé une partie de ces sols légers. L'emploi des engrais doit soutenir cette transformation, qui fait préférer ces sols peu riches en eux-mêmes, mais se prêtant bien à la culture et décomposant les engrais avec une grande rapidité.

La fertilisation des terrains manquant de chaux se trouve en quelque sorte dans un cercle vicieux. En admettant qu'il soit possible de faire économiquement un chaulage, il ne faut pas oublier ce vieux proverbe qui est bien vrai : « La chaux enrichit le père et ruine le fils » ; il faudrait donc, avant de chauler, que les terres soient riches en matières organiques, mais comment arriver à ce résultat puisque le fumier manque faute de bétail, et on se trouve en présence du problème actuel : augmentation de la culture des fourrages et enfouissement de ces fourrages dans le sol pour obtenir l'humus, ou bien entretien d'un troupeau plus nombreux qui donnera plus de fumier.

IV. — **Drainages**

Ce genre d'amélioration du sol est malheureusement peu connu et pourtant il serait d'une utilité incontestable pour les terres argileuses, auxquelles il enlèverait l'excès d'eau, et faciliterait la circulation de l'air. Le même besoin se fait sentir dans les boulbènes acides pendant l'hiver.

V. — **Irrigations**

Le canal latéral à la Garonne et le canal du Midi servent surtout pour le transport des marchandises et peu pour l'irrigation ; le canal de Saint-Martory est plus intéressant à ce point de vue, car il a été créé pour rendre fertile une région très sèche.

C'est une dérivation de la Garonne, à 80 kilomètres en amont de Toulouse, pour arroser toute la rive gauche de la plaine.

Le paysan est très sceptique sur l'utilité de l'irrigation ; d'autre part, les frais occasionnés, le peu de certitude d'avoir de l'eau au moment où l'on en a besoin, sont autant de causes qui nuisent à l'utilisation rationnelle de ce canal.

« Les engagements à l'arrosage ont une durée de cinquante ans ; ils constituent un droit inhérent à la terre en quelques mains qu'elle passe, indépendamment de toute transcription hypothécaire. » (Cahier des charges.)

Chaque hectare, dans les conditions normales de

débit, reçoit l'eau tous les huit jours, pendant trois heures, à raison de 42 litres par seconde.

On s'en sert surtout pour arroser les prairies naturelles et artificielles, ce qui permet d'entretenir plus de bétail ; ainsi que pour les maïs et les haricots.

Les rendements occasionnés par ces arrosages sont nettement supérieurs et, ne fût la dépense assez forte, il serait à souhaiter que leur emploi se généralise.

Avant la guerre, il fallait compter, pour l'installation, 300 francs par hectare.

L'arrosage n'a lieu que du 1er avril au 15 octobre.

CHAPITRE III

FAÇONS CULTURALES

Elles dépendent évidemment de la nature du sol, du temps dont on dispose, de l'époque des semailles (printemps ou automne), du genre de culture que l'on veut faire, des cultures qui ont précédé, etc., enfin et surtout, de l'état hygrométrique, de la quantité d'eau qui tombe, car il ne faut pas l'oublier, les boulbènes, de par leur nature, s'agglomèrent et se tassent par l'effet de l'humidité et des pluies pour se durcir comme le roc si elles sont saisies dans cet état par les fortes chaleurs.

Aux unes comme aux autres, une façon profonde faite en automne ou au début de l'hiver est nécessaire pour les ouvrir, les aérer, permettre aux racines des plantes de les pénétrer et surtout pour les rendre susceptibles de devenir un réservoir d'humidité pendant la période sèche.

Un second labour est très utile au printemps, lorsque, la température aidant, toutes les mauvaises graines éparses à la surface du sol se mettent à germer.

Puis, jusqu'à l'automne, les façons superficielles doivent se répéter presque sans arrêt en vue :

1° D'assurer une grande propreté du sol ;

2° De ramener par capillarité un peu de l'humidité qu'avaient acquise les couches plus profondes,

Souvent, lorsque les conditions climatériques le permettent et que l'état du sol le demande, on fait un labour d'été, non seulement parce qu'il favorise le travail intime des micro-organismes du sol, mais parce qu'il constitue l'unique moyen de se débarrasser du chiendent qui se propage avec une rapidité effrayante dans les terres mal travaillées.

La culture sur les coteaux des terres-forts est de plus en plus délaissée, car il faut des attelages robustes et le paysan a plus de travail. Les labours de ces terres se font en travers, de sorte que petit à petit la terre descend ; pour bien faire, il faudrait, tous les cinq ou six ans, la remonter avec des tombereaux.

Depuis quelque temps, on a tendance à se servir du pulvériseur à disques pour faire les déchaumages. En ceci, on se rapproche peut-être de la méthode Jean, qui, comme nous le verrons un peu plus loin, pourrait convenir à l'exploitation des terres sèches du Pays Toulousain.

Une condition indispensable à l'emploi du pulvériseur, c'est qu'il faut le faire passer immédiatement après l'enlèvement de la récolte de céréale précédente, sans quoi les terres, devenues trop dures, ne se laisseraient plus pénétrer avant l'automne.

La couche superficielle du sol ainsi remuée ne se durcit pas et, aux premières pluies, l'eau pénétrera bien dans le sous-sol, constituant ainsi la réserve qui doit faciliter les labours et les façons suivants, et assurer une bonne végétation.

D'une façon générale, les travaux superficiels sont de toute utilité sur les boulbènes pour entretenir la fraîcheur. Une des méthodes de dry-farming est d'ailleurs originaire de la région, c'est la méthode Jean, qui supprime tout travail à la charrue et ne demande que des instruments de grattages tels que herses, canadiens, extirpateurs, etc. On passera, par exemple, le cultivateur canadien jusqu'à ce qu'on ait obtenu la profondeur désirée. Cette méthode n'est pas employée d'une manière exclusixe ; c'est en combinant les grattages successifs et les labours que l'on obtient les meilleurs rendements. On doit éviter, autant que possible, sur les boulbènes, que la charrue entame directement le sol ; on doit procéder d'abord à un nombre de grattages dont le nombre varie avec la dureté du sol et le temps dont on dispose. Lorsqu'il s'agit de boulbènes battantes, on a avantage à remplacer le canadien par la charrue à disques.

Les roulages sont indispensables pour opérer sur ces terres finement travaillées le tassement nécessaire pour que les graines germent convenablement, ainsi que pour écraser les mottes trop argileuses. Mais leur utilité se fait surtout sentir dans les terres siliceuses ou silico-argileuses, non seulement pour la raison précédente concernant la graine, mais pour maintenir dans le sol l'humidité acquise pendant les labours et autres façons ; en tassant le sol, on empêche une évaporation trop active, en permettant tout de même à cette humidité de remonter à la surface par suite du phénomène de capillarité. Ces roulages se font avant et après les semailles, et après l'hiver pour rechausser les jeunes plantes.

CHAPITRE IV

PLANTES SARCLEES

I. — **Betteraves**

La sécheresse du climat rend cette culture assez délicate.

Il avait été question de créer une sucrerie près de Montastruc-la-Conseillère, mais les récoltes obtenues étant trop inférieures pour permettre la marche régulière de cette usine, l'idée a été abandonnée, et l'on se contente de faire de la betterave fourragère, en petite quantité d'ailleurs, puisque les statistiques ne portent qu'une surface de 1.696 hectares cultivés en betteraves fourragères.

La betterave vient en tête de l'assolement. Semée en mars et récoltée en octobre, elle donne un rendement qui ne dépasse guère 25 tonnes, mais il correspond à peu près à la mise des facteurs devant assurer la bonne végétation.

La betterave coupée est donnée au bétail en mélange soit avec des balles de blé, de la paille hachée, soit avec des tiges de maïs coupées en petits morceaux.

II. — Pommes de terre

Il y a environ 21.600 hectares plantés en pommes de terre, c'est-à-dire le sixième de la surface cultivée en blé.

Elles donnent de bons rendements dans les terres douces, siliceuses et fraîches. Ces conditions n'étant remplies que par peu de terrains de la Haute-Garonne, elles ne sont cultivées que pour l'alimentation locale et, la plupart du temps, dans de mauvaises conditions.

La pomme de terre vient souvent en tête d'assolement ; d'autres fois, en deuxième sole, après blé. Dans les deux cas, elle est fumée.

Cependant, le premier cas paraît être le plus favorable, car les façons que nécessitent cette culture mettent le sol dans de très bonnes conditions pour recevoir la culture suivante.

La pomme de terre ne doit revenir sur le même sol que tous les cinq ou six ans, sans quoi on s'expose à avoir de mauvaises récoltes.

Dans la petite culture, il n'y a pas de règle absolue pour le placement de la pomme de terre dans l'assolement, qui doit se faire sur des parcelles assez exigües.

La variété la plus cultivée est : l'*Institut de Beauvais* qui, par sa vigueur, sa productivité et sa bonne conservation, est très recommandable. De plus, elle résiste très bien au peronospora. Pour toutes ces qualités, elle est de plus en plus employée en grande culture, en remplacement des autres variétés.

Il est bon de mettre sur les pommes de terre au moins 20.000 kgs de fumier. Cette dose de fumier peut être remplacée par des engrais verts.

Comme engrais chimiques :

400 kgs de super ou 600 kgs de scories, sur les terres pauvres en chaux (boulbènes) ;

200 kgs de sulfate ou de chlorure de potassium.

On ajoute de l'azote sous forme de nitrate ou de sulfate d'ammoniaque, si la quantité apportée par la fumure est insuffisante.

Les beaux rendements étant obtenus grâce aux engrais potassiques, il ne faut pas les ménager.

FAÇONS CULTURALES

Avant l'hiver, on fait un labour dont la profondeur peut faire varier la récolte dans une certaine mesure ; par ce labour, on enfouit le fumier et les supers. La potasse est enfouie par le labour qui précède la plantation. Cette dernière se fait en avril derrière la charrue. Pour que les plants ne souffrent pas trop de la sécheresse, on réduit les espacements, afin que la végétation foliacée couvrant entièrement le sol, maintienne la fraîcheur autour des plants.

C'est au moment où la pomme de terre lève que l'on doit mettre l'azote, si le sol en manque ; le nitrate est enfoui par un hersage.

Le binage étant une des façons culturales les plus profitables à la pomme de terre, devrait être répété fréquemment ; malheureusement, il n'en est pas toujours ainsi, ce qui explique les rendements assez faibles que l'on obtient.

Dans les boulbènes, le buttage devra être plus important que dans les terres-forts, parce que tout en maintenant la fraîcheur autour des tubercules, il ne doit pas empêcher l'air d'y arriver. Le buttage se fait avec la charrue ordinaire ou avec le butteur.

Pour prévenir le peronospora infestans, il est à conseiller d'arroser les plants avec de la bouillie bordelaise à 2 % de SO^4Cu et 1 % de chaux, quinze jours avant ou après la floraison.

RÉCOLTE

Cette opération ne doit se faire que lorsque la peau est complètement adhérente au tubercule. L'arrachage se fait à la charrue et, bien souvent aussi, en petite culture, à la main, avec le bident.

La conservation se fait en tas sous un hangar ou dans un endroit abrité ; les gelées n'étant pas fortes, il est inutile de recouvrir les tas.

La récolte moyenne est de 40 quintaux à l'hectare ; cependant, dans les sols frais, propres à son bon développement, et si les engrais sont bien appliqués, la pomme de terre peut donner 100 quintaux.

La production en pommes de terre de la Haute-Garonne, qui ne dépasse guère actuellement un million de quintaux, est insuffisante pour alimenter d'abord la population et ensuite les animaux, qui absorbent les petits tubercules. On exporte donc très peu de pommes de terre dans les départements méditerranéens, mais l'on est obligé d'en importer du Centre, et ces importations dépassent de 130.000 quintaux en moyenne les exportations.

III. — Topinambours

On se fait souvent une fausse idée de cette culture ; comme elle n'est que secondaire, on s'imagine qu'elle n'a besoin d'aucuns soins et pourtant il serait très utile de la développer, car ces tubercules conviennent parfaitement dans l'alimentation du bétail.

Les topinambours sont plantés dans les terrains les moins bien exposés ; ils viennent bien, même lorsqu'ils sont plantés à l'ombre.

Dans l'assolement, on fait suivre le topinambour d'un autre tubercule plutôt que d'une céréale, car après la récolte, fût-elle faite très soigneusement, il en reste toujours dans le sol.

La préparation du sol et les engrais sont les mêmes que pour la pomme de terre. Cette culture peut revenir plusieurs années de suite dans le même terrain, mais il est bon de replanter chaque année.

Pendant tout le temps que dure la croissance de la plante, les binages et buttages doivent se succéder : les premiers, pour enlever les mauvaises herbes ; les seconds, pour rechausser la plante et favoriser le développement de nouvelles racines. L'arrachage a lieu vers la fin de l'hiver, au fur et à mesure des besoins.

Le topinambour est accepté cru par tous les animaux de la ferme après avoir été lavé, haché et mélangé à d'autres aliments tels que foin, paille, balles, car il est trop aqueux pour être consommé seul. Sa valeur nutritive est plus forte que celle des diverses racines nutritives, il peut donc être donné en quantités moindres.

IV. — **Carottes**

Elles ne sont cultivées que par les maraîchers, car les besoins ne sont pas importants et ne nécessitent pas une grande culture. Dans quelques grandes exploitations, on s'en sert comme rafraîchissement dans l'alimentation des chevaux et des vaches laitières.

V. — **Maïs**

Si nous plaçons cette culture dans ce chapitre, c'est parce que le maïs, par les travaux qu'il nécessite, a beaucoup d'analogie avec les plantes sarclées, ou plutôt admettons qu'il fasse la limite entre les plantes racines et les céréales (qui, elles aussi, pourraient prétendre au nom de plantes sarclées, puisque, de plus en plus, l'agriculteur moderne, qui dispose de semoirs en lignes, prend l'habitude de sarcler ses céréales).

Le maïs est une spécialité du Sud-Ouest, où presque toutes les variétés, grâce à la douceur du climat, viennent à grains.

Il constitue, avec le fourrage, presque uniquement la nourriture du bétail, autant par ses tiges que par ses graines.

Cette culture sera donc largement développée, car elle a une très grande importance et est cultivée par tous (Haute-Garonne, 50.000 hectares). D'après les statistiques officielles, cette culture a beaucoup diminué depuis cinquante ans. Pour retrouver l'importance qu'il avait, le maïs devrait reconquérir 15.000 hectares. Cette culture est mal faite dans les régions où on la continue, ceci est dû principalement au manque de main-d'œuvre.

Il faut non seulement enrayer cet abandon, car c'est la culture du maïs qui a renouvelé et amélioré l'agriculture dans la vallée de la Garonne, mais aussi l'intensifier si l'on veut avoir de bons rendements en blé, et pour continuer d'assurer la qualité des foies gras d'oies dont Toulouse s'est fait une spécialité et dont la renommée est due pour beaucoup à l'emploi du maïs dans la nourriture des volailles.

Les difficultés d'écoulement ne sont d'ailleurs pas à craindre, car le Plateau Central, le Centre et l'Ouest de la France sont preneurs : le premier, pour l'engraissement des animaux ; les deux autres, pour les ensemencements de maïs fourrager.

Le maïs se vend proportionnellement aussi cher que le blé, et il n'est pas douteux que cette culture soit reprise si des modes de culture comprenant un outillage plus perfectionné la rendaient plus rémunératrice. Pour cela, il faudrait l'ensemencer sur des terres plus profondément ameublies, labourées de bonne heure, afin d'assurer des réserves d'eau dans le sous-sol, espacer un peu plus les pieds de maïs et maintenir la fraîcheur du sol par des sarclages répétés. On est porté à croire, dans nos campagne, que le maïs semé dru conservera un peu la fraîcheur, alors que c'est le contraire qui se produit, car plus les pieds sont rapprochés les uns des autres, plus ils absorbent l'humidité en réserve.

ASSOLEMENT

De même que la betterave sucrière et la pomme de terre industrielle dans le Nord, le maïs sarclé et biné forme la base de la culture intensive dans le Sud-Ouest. Aussi le maïs vient-il en tête de l'assolement, avant le blé, ce dernier profitant des façons culturales que nécessite la culture du maïs, ainsi que des matières fertilisantes mises sur la plante sarclée.

C'est sur les terres-forts que l'on obtient les meilleurs rendements.

VARIÉTÉS

Les variétés nouvelles sont assez délaissées, on s'en tient à celles du pays, qui sont :

Le maïs à grains blancs et le maïs à grains jaunes.

PRÉPARATION DU SOL

Après la récolte du blé(la terre est laissée en jachère, qui sert de pâture, jusqu'en novembre, moment où on laboure. Mais il serait préférable, comme cela se pratique beaucoup maintenant, de labourer aussitôt après la récolte de la céréale et de faire un trèfle incarnat, que l'on enfouit en avril. De la sorte, la terre n'étant pas nue ne perdra pas ses principes fertilisants et, même plus, la légumineuse l'enrichira en azote. Pour faire de la sorte, il faut être bien outillé, car l'on a juste le temps de préparer le sol.

Ces labours devraient avoir au moins 30 centimètres de profondeur, mais pour gagner du temps on les fait de plus en plus légers ; il en résulte que les chiendents et les mauvaises herbes poussent entre les lignes sur la terre durcie, et l'on a de mauvais rendements, d'abord pour le maïs et ensuite pour la céréale qui suit.

Dans les terres-forts, on ne laboure qu'une fois avant l'hiver ; par ce labour, on enfouit la fumure. Au printemps, on fait un hersage aussi profond que possible, repassant plusieurs fois de suite s'il le faut. C'est avant ce hersage que l'on doit répandre les engrais chimique.

Dans les terres très fortes du Lauraguais, on fait un labour à main « pelleversage ». Cette méthode permet d'aérer les terres les plus compactes, elles conservent mieux ainsi la fraîcheur. On pourrait peut-être remplacer cette vieille méthode par un sous-solage qui remplirait le même office.

Dans les terres de plaines, on fait un labour profond avant l'hiver, on épand le fumier durant la saison froide et on l'enfouit au printemps par un deuxième labour plus léger, après quoi l'on herse soigneusement comme précédemment.

ENGRAIS

Etant à végétation très rapide, le maïs demande des engrais d'assimilation facile. A moins d'avoir des fumiers bien consommés, il faut le fumer avant l'hiver, la dose pouvant être aussi forte que l'on veut, car le maïs ne craint pas la verse, grâce à la raideur de ses tiges.

Il faut apporter de l'acide phosphorique pour obtenir du grain et de la potasse pour avoir de la paille. Si l'on cultive du maïs fourrager, on met un peu plus d'azote, afin de développer la végétation foliacée.

Voici les formules d'engrais qui seraient à conseiller pour cette culture :

Maïs en grain :

1° Fumier de ferme : 20 à 30.000 kgs.
2° Super : 500 kgs (dans les boulbènes et terres pauvres en chaux, mettre 600 kgs de scories Thomas).
3° Sulfate d'ammoniaque : 100 kgs.
4° Nitrate de soude ou de chaux : 100 kgs.
5° Sulfate de potasse (dans les boulbènes et terres pauvres en chaux : 150 kgs.

(Dans les terres-forts, contenant déjà de la potasse, on se contente de mettre 200 kgs de sylvinite à 14-16.)

Par le premier labour, on enfouit également le super et le sulfate de potasse. Les nitrates sont mis moitié à la levée et moitié au premier binage, parce qu'épandus d'un seul coup ils seraient entraînés par les eaux pluviales.

SEMIS — FAÇONS CULTURALES

Le maïs craignant beaucoup les gelées, les semailles ont lieu entre le 1er et le 15 mai.

Le maïs cultivé en vue d'obtenir du grain doit être semé en lignes. Le champ étant bien émotté et pulvérisé, le laboureur trace un premier sillon, l'aide qui suit dépose au fond du sillon, tous les 25 centimètres environ, deux ou trois grains du côté du levant ; le laboureur recouvre ces graines de 3 à 4 centimètres de terre, tout en espaçant les sillons de 75 à 80 centimètres.

Lorsque l'on sème en lignes, il faut 40 à 50 kgs de semence pour le grain.

Une autre méthode consiste à rayonner le champ avec un rayonneur, sorte de herse à dents de 8 à 10 centimètres de longueur, espacées entre elles de 0m50. On passe cet instrument dans les deux sens du champ, longueur et largeur, et au croisement des lignes, ou croisillons, on dépose deux graines de maïs.

Fréquemment, on sème avec le maïs, des haricots, qui s'appuient sur la tige de la plante et viennent mieux que seuls, le maïs n'en souffrant pas. Dans les bonnes années, la récolte de haricots paye les frais de culture du maïs.

Après le semis, on passe un coup de rouleau pour tasser la terre contre la semence.

Le maïs lève au bout de huit à quinze jours. Lorsque les plants ont trois à quatre feuilles, on fait un premier buttage, par lequel on ne laisse au maïs qu'une tige à chaque pied, espacés l'un de l'autre de 50 centimètres.

Cette opération, lorsque le maïs a été semé de la première façon, est beaucoup plus facile : il n'y a qu'à rabattre les sillons, de sorte que l'on aplanit en même temps le champ.

Quinze jours après, lorsque le maïs a 40 à 50 centimètres, on fait un nouveau buttage. Ce buttage doit être très bien fait, si l'on ne veut pas voir verser les tiges ; en effet, le sommet devient lourd et il faut consolider les pieds tout en entretenant la fraîcheur.

Vers la fin d'août, on écime le maïs que l'on veut faire venir à graine, c'est-à-dire que l'on coupe la tige au-dessus de l'épi ; grâce à cette opération, la sève se concentre dans l'épi. La paille coupée est donnée en fourrages aux bovins.

Il ne faut faire l'écimage que lorsque le grain est formé, c'est-à-dire lorsque la fleur mâle, constituée par la cime, a fécondé la fleur femelle, constituée par l'épi.

L'écimage a été assez discuté : on prétend qu'il nuit à la bonne venue du grain, mais d'après les expériences qui ont été faites, on a constaté que le rendement était sensiblement le même dans les deux cas. De plus, l'avantage de l'écimage est de procurer au mois d'août un fourrage vert très apprécié des animaux.

Quelquefois, on enlève les feuilles des tiges de maïs avant que le grain ne soit complètement mûr. Ces feuilles sont données en vert aux bovins. Cette pratique n'est pas à recommander, car les feuilles ont un rôle très important dans la nutrition de la plante, et l'on a grand tort de les supprimer.

RÉCOLTE

Avant l'écimage, on fait d'abord la récolte des haricots. Le maïs est récolté lorsque le grain résiste à l'ongle et que les tiges deviennent jaunâtres. D'un petit coup sec de la main, on détache les épis, qui sont transportés à la ferme. Les tiges sont coupées à la faux et rentrées.

On égrène le maïs au fur et à mesure des besoins, car il se conserve bien, même en râfles. Les égrenoirs mécaniques se répandent de plus en plus dans nos campagnes, supprimant le travail à la main, plus pénible et plus long.

Le rendement moyen est de 30 hectolitres, mais ce rendement, comme celui des haricots d'ailleurs, varie beaucoup suivant la qualité du sol. Dans la vallée de la Garonne, la moyenne est plus élevée, et les tiges, y compris celles coupées à l'écimage, représentent 4 à 5.000 kgs.

Le grain a une très grande valeur au point de vue alimentation du bétail. Les tiges, si elles ne sont pas trop dures, peuvent également servir pour la nourriture des animaux, sinon elles servent de litières ou bien de combustibles, comme les râfles. Avec les feuilles intérieures, on remplit les paillasses.

La graine de semence est prise au milieu des plus beaux épis.

VI. — **Sorgho à balais**

Cette culture a beaucoup d'analogie avec celle du maïs, aussi la désigne-t-on souvent sous le nom de « maïs à balais ».

Le sorgho se trouve très bien des terres légères fraîches et profondes, ainsi les terres-forts pas trop décalcifiés lui conviennent assez bien. Il ne demande qu'une demi-fumure, ou même simplement une fumure verte enfouie au printemps avec 300 kgs de super et 50 kgs de chlorure de potassium.

Les graines de semence peuvent provenir de pieds à pailles fines et régulières. On les sème en lignes quinze jours plus tôt que le maïs, à raison d'une quinzaine de litres par hectare. (Cette graine vaut seulement 80 francs les 100 kgs, alors que celle du maïs vaut de 100 à 110 francs.) Les pieds doivent être à 0^{m}50 les uns des autres. Lorsque la plante a atteint un mètre de haut, on doit avoir déjà fait trois binages et un buttage en dernier lieu.

La récolte se fait en septembre, quand le *maïs* jaunit ; on le coupe pied par pied avec une serpe ; on met les tiges en fagots, que l'on rentre à la métairie, où on les laisse sécher.

Les tiges sont coupés à la longueur voulue ; la partie basse est employée comme combustible. Les panicules, c'est-à-dire la partie haute, une fois battues, sont conservées jusqu'à la saison morte. Et c'est pendant les longues soirées d'hiver que l'on enlève les feuilles une par une. Cette opération est assez longue, aussi existe-t-il une coutume que l'on appelle « lostournes », qui consiste à s'aider entre voisins. C'est une occasion pour se réunir. Le maître du logis active le travail et la bonne humeur qui ne cesse de régner en faisant passer du vin.

Le sorgho dépouillé est prêt à être vendu. On fait de 1.000 à 1.200 balais par hectare. Ces balais se vendent 300 francs les 100 kgs.

CHAPITRE V

CEREALES

I. — **Généralités**

Sur 355.600 hectares de terres labourables en Haute-Garonne, on en compte 189.029 consacrés à la culture des céréales. Cette tendance à l'exagération dans la culture des céréales est une des caractéristiques de l'agriculture toulousaine.

Et encore la surface emblavée a diminué de 25.000 hectares depuis un demi-siècle à peu près, c'est-à-dire depuis que l'on a cessé de faire l'assolement : blé-maïs. La superficie consacrée à l'avoine ayant augmenté de 20.000 hectares, cette diminution de 25.000 hectares s'applique en presque totalité à la culture du blé (et à celle du maïs).

Ceci semble causé par les grandes différences de rendement entre deux années : déficit de récolte dû à trop d'humidité par moments, puis de sécheresse, amenant la verse des céréales, ainsi qu'au peu de stabilité des cours actuels, qui donnent d'une année à l'autre des écarts par trop considérables sur une surface de 100.000 hectares.

L'augmentation de la culture de l'avoine est causée par les nombreuses demandes provenant des viticulteurs du Bas-Languedoc, pour l'alimentation de leurs attelages. Ceci se remarque également dans la culture des fourrages.

II. — **Blé**

VARIÉTÉS

Les écarts dans la production proviennent de ce qu'il n'existe pas dans la région des variétés de blé vraiment adaptées. Ces écarts étaient moins sensibles lorsqu'on ne cultivait que les vieilles variétés locales, à cause de leurs rendements nettements insuffisants. On a recherché parmi les variétés cultivées dans le Centre de la France celles qui fournissaient les meilleurs rendements, mais ces variétés n'étant pas acclimatées, n'ont pas donné les résultats espérés. Et Vilmorin qui, jusqu'à présent, s'était désintéressé du Sud-Ouest, recherche actuellement des variétés capables de supporter les coups de chaleur un peu brusques de nos régions.

Dans le choix des variétés, on recherche plutôt les variétés hâtives, mûres avant les grosses chaleurs de juillet, afin d'éviter l'échaudage.

Les variétés réussissant le mieux dans la région sont, en commençant par les variétés locales :

La Bladette de Puylaurens : épis rouges, grains blancs. Variété très estimée, mais de rendement moyen.

La Bladette de Nérac, ou Rouge de Bordeaux : épis et grains rouges, très lourds, pouvant être cultivée comme blé de printemps.

Le Blé du Roussillon : hâtif, à épis barbus et grains rouges. Bon rendement.

La Bladette de Besplas : épi rouge foncé, grain

blanc, gros et lourd ; de faible tallage, mais résiste bien à la verse et à la rouille. Sensible au froid.

Le Blé de Bordeaux : épi et grains rouges, assez gros ; assez rustique, résistant à la verse, mais sensible à la rouille. Se sème d'octobre à fin mars. Rendement assez élevé, même en terres moyennes.

Le Blé Prolifique barbu : variété vigoureuse d'hiver et de printemps, à épis rouges et grains jaunes. Résiste bien à la rouille, mais peu à la verse. Productif, même dans les terres moyennes assez sèches.

Le Blé barbu à gros grains : épi blanc, grain jaune bien rempli. De faible tallage, mais peu sensible à la verse et à la rouille. Assez rustique et précoce ; peut être semé jusqu'à fin mars. S'accommode de tous les sols, mais les terres-forts lui conviennent mieux.

Ces variétés s'emploient seules ou, de préférence, en mélanges, toujours plus avantageux, comme par exemple :

1° Blé de Bordeaux, avec Bladette de Besplas et Prolifique barbu ;

2° Bladette de Puylaurens, avec Blé du Roussillon et Blé rouge de Bordeaux. Ce mélange donne de bons résultats dans les fonds bien exposés ;

3° Bladette de Puylaurens, Blés d'Abondance, Blé rouge de Bordeaux, pour les boulbènes.

Les blés durs ne sont représentés que par une seule variétés : la Pétanielle ; ceci est dommage, car ces blés trouveraient de bons débouchés dans l'industrie des pâtes alimentaires (Usines Brusson, à Villeneuve-sur-Tarn).

Les mélanges de blés blancs et de blés rouges donnent un blé panaché, très apprécié dans le commerce.

Il existe un certain nombre d'autres variétés, plus générales, qui s'emploient de plus en plus ; les unes sont françaises, les autres sont étrangères, et plus spécialement italiennes. Ceci est dû à l'invasion du Pays Toulousain et du Sud-Ouest en général par les cultivateurs piémontais.

Ce sont plus spécialement :

Le blé Bon Fermier : rustique, précoce, tallant bien, résistant à la verse, mais sensible à la rouille. Semé en octobre, même dans les terres moyennes, donne de bons rendements.

Hybride Inversable, Touzelle blanche, Richelle blanche de Naples.

Blé Dattel : épis rouges, gros grains blancs. Peut se semer jusqu'à fin février. Bon rendement.

Blé Riéti (italien) : très précoce, rustique, fertile, résistant à la rouille. Convient parfaitement au Sud-Ouest.

Carlotta Strampelli : obtenu par croisement du Rieti avec l'Hybride de Massy ; épi blanc barbu, grains rouges, paille raide. Assez rustique et résistant à la verse, mais de faible tallage et un peu sensible à la rouille. Il donne de bons résultats sur les terres-forts.

Manitoba : blé de printemps, pouvant être semé jusqu'en mai (semis assez dru). Epi blanc ou rosé, grain rouge pâle, paille blanche fine, mais courte.

Il peut être cultivé dans les terres moyennes. C'est un blé très rustique, mais de faible tallage et assez sensible à la rouille.

Le Manitoba a donné de bons rendements.

Le traitement des semences au sulfate de cuivre n'est pas du tout généralisé ; on ne l'emploie que dans les grandes exploitations.

Le blé vient après jachère, et surtout après maïs fumé. Dans ce dernier cas, il réussit très bien, profitant des travaux exécutés pour la plante sarclée.

Mais là où il donne des rendements supérieurs, c'est sur défrichement de légumineuses, avec apport de superphosphates. Les résultats obtenus par M. de Naurois, dans ces conditions, sont assez concluants : 25 quintaux de blé à l'hectare avec le Carlotta Strampelli et le Moyencourt, c'est-à-dire le double de la moyenne de la région. Et ceci, près de Villeneuve-sur-Tarn, sur les boulbènes les plus sèches du département. Ces bons rendements sont dus à ce qu'après la légumineuse, la céréale trouve un sol qui a été amendé en chaux par du maïs de première sole, enrichi en azote par les fourrages et ne demandant plus que l'acide phosphorique. Il faut ajouter, il est vrai, que le sol reçoit une préparation très minutieuse, aussi bien en surface qu'en profondeur, au moyen de brabants, pulvériseurs à disques, cultivateurs, etc., afin d'emmagasiner et de conserver la plus grande masse d'eau possible, pour vaincre le seul obstacle qui s'oppose aux bons rendements en céréales, c'est-à-dire la sécheresse.

PRÉPARATION DU SOL

Autrefois, la culture du blé se faisait en billons, ne permettant pas l'emploi des faucheuses et moissonneuses ; ce mode de culture a été remplacé partout où le drainage n'est pas obligatoire, par la culture à plat.

Les laboureurs du Sud-Ouest ont eu la réputation de très bien préparer leurs terres à blé, mais, par suite de l'abandon des campagnes, cette réputation commence à faiblir.

1° Lorsque le blé vient après jachère, dans les terres siliceuses et légères, on commence par un premier labour au printemps, suivi de quelques autres, pour tenir la terre propre. En terres argilo-calcaires, on fait un labour avant l'hiver pour aérer le sol ; les autres labours, suivis de hersages et roulages, se font durant l'été pour maintenir la fraîcheur jusqu'aux semailles.

2° Après légumineuses, on enfouit la prairie artificielle en septembre. Le labour qui précède les semailles n'est fait que lorsque les végétaux sont suffisamment décomposés.

3° Après plantes sarclées, on ne met pas d'engrais. La fumure mise précédemment reste encore en partie inutilisée dans le sol. La culture précédente étant celle d'une plante nettoyante, par les nombreuses façons qu'elle a nécessitées, il suffit de faire un labour et un hersage avant les semailles d'hiver.

Alors que dans le Nord on sème sur mottes, pour préserver la jeune plante des gelées, qui doivent peu à peu faire éclater la motte de terre, dans le

Midi, on sème en terre aussi finement travaillée que possible, car cet inconvénient est peu à craindre.

L'emploi du pulvériseur à disques se généralise beaucoup pour le déchaumage des terres à céréales et pour l'émottage. Dans le premier cas, il rencontre un grand adversaire dans le vieux paysan qui, habitué à déchaumer par un labour léger, trouve que son travail vaut mieux que celui fait par le pulvériseur, parce que le sien est plus agréable à l'œil. Ceci est vrai, mais ce qui entre pour une bonne part dans le développement de l'emploi du pulvériseur, c'est la rapidité avec laquelle il exécute le travail, de plus en plus difficile à exécuter à la charrue, par suite du manque de main-d'œuvre.

Ce n'est que par l'utilisation plus rationnelle des machines que l'on arrivera à rendre à la culture du blé dans le Sud-Ouest son importance primitive, et que l'on obtiendra, en associant ces pratiques à l'emploi des engrais, des rendements laissant un certain bénéfice, alors que ceux réalisés actuellement : 11 à 12 quintaux à l'hectare, couvrent à peine les frais.

ENGRAIS

1° Sur le blé fait après plantes sarclées, on ne met pas de fumier, mais la céréale se trouvera bien d'un apport de :

400 kgs de super.
150 kgs de nitrate de soude au printemps, si la végétation est faible.
100 kgs de sulfate de potasse ou de chlorure de potassium.

2° Sur le blé après céréale, on doit fumer et l'on apporte :

400 kgs de super.
100 kgs de nitrate de soude.
100 kgs de cyanamide.
150 kgs de sulfate de potasse.

3° Sur blé après défriche de prairie artificielle :

500 kgs de super.
100 kgs de sulfate ou chlorure de potasse.

4° Sur le blé après jachère ou fourrage annuel :

20.000 kgs de fumier.
500 kgs de super.
150 kgs de sulfate de potasse.
100 kgs de cyanamide.

Le nitrate doit être employé de très bonne heure, au plus tard en janvier.

Les superphosphates amenant un grand développement des graines de légumineuses qui se trouvent souvent dans les sols riches en potasse, sont une gêne pour la culture du blé, aussi vaudrait-il mieux les employer à plus forte doses sur la prairie précédente.

SEMAILLES

On sème à peu près exclusivement pendant l'automne, d'octobre à fin novembre. Le blé semé avant le 20 novembre donne un excédent de récolte de 30 %. Lorque l'hiver ne s'annonce pas froid, il est possible de retarder le moment des semailles pour pouvoir mieux préparer le sol, mais ceci n'est qu'une exception et, pour être sûr d'un bon rendement, autant que l'on peut prévoir en cultures, il vaut mieux semer dans les limites indiquées ci-dessus.

Le semis à la volée, autrefois seul utilisé, commence à laisser la place au semis en lignes, qui donne de meilleurs rendements avec une grande économie de temps et d'argent, puisque la quantité à semer est moindre.

Aussitôt après le semis, on roule afin que le grain de blé soit en contact parfait avec le sol. La graine doit être assez enterrée pour la garantir de la sécheresse.

SOINS D'ENTRETIEN

Sitôt l'hiver fini, on passe le rouleau, afin de rechausser les pieds et de favoriser le tallage. Au printemps, pour briser la croûte superficielle qui empêche l'air de pénétrer jusqu'aux racines, on herse. Enfin, pour enlever les mauvaises herbes, notamment le chardon, on doit sarcler. La destruction des mauvaises herbes par l'acide sulfurique n'est pas très employée, et cependant, des essais faits il y a peu de temps ont donné d'excellents résultats.

L'accident le plus redoutable pour le blé est l'échaudage, dû à une chaleur brusque succédant à une période humide. Pour le combattre, on sème des variétés hâtives.

MOISSON

La moisson commence dès le début de juillet ; le moment le meilleur est celui où l'on peut reconnaître la couleur du grain. Jadis, elle se faisait avec des estivandiers, venus soit des Pyrénées, soit du Bas-Languedoc, attendant le moment des vendanges pour retourner chez eux ; ils moissonnaient à la faux et dépiquaient au rouleau.

L'emploi de la moissonneuse-lieuse n'est pas encore très répandu. Ceci tient à la division de la propriété, qui fait que chacun ne possède pas suffisamment d'argent pour acheter une machine, et suffisamment de terres pour amortir les frais d'achat et d'entretien. Il y aurait bien une solution : c'est la coopérative, mais le paysan du Midi, de par sa nature, est très défiant : il a peur de se faire berner par son associé ; il faut ajouter, d'ailleurs, que ce genre d'association ne pouvant avoir lieu qu'entre deux voisins, cultivant les mêmes variétés de blé sur les mêmes sols, le besoin de la machine se ferait sentir pour tous deux au même moment.

Dans nombre de métairies, on emploie pour moissonner la faucheuse ordinaire. Le blé est mis en gerbes par des femmes et des enfants qui suivent la machine.

Le battage se fait à l'entreprise, en août ; pour ce travail, les paysans s'entr'aident mutuellement; cet esprit d'association est très bon, cependant il n'est pas très favorable à la bonne culture du sol. car un fermier, après avoir battu ses céréales, restera huit à dix jours à travailler chez les autres pour rendre le travail fait chez lui et, pendant ce temps, les labours d'été, pourtant si nécessaires pour assurer une bonne récolte l'année suivante. seront très négligés.

Le rendement moyen est de 15 hectolitres à l'hectare. En certains endroits, notamment sur les boulbènes, il est moindre, mais ceci n'est pas absolu puisque, comme nous l'avons vu précédemment, on est arrivé à un rendement de 25 quintaux sur boulbènes ; mais, par contre, dans les bons terres-forts, il oscille entre 20 et 30 hectolitres à l'hectare. Le rendement en paille varie entre 30 et 40 quintaux à l'hectare.

Le blé est acheté à l'hectolitre, pris à la métairie, par des courtiers d'une des 365 minoteries que possède la Haute-Garonne.

Lorsque l'on est à proximité de Toulouse, on vend la paille en excédent à des nourrisseurs, ou plutôt on la leur donne et ils la payent en rendant du fumier. Sinon elle est vendue à des papeteries ou aux viticulteurs méridionaux.

La production totale de blé est supérieure à la consommation dans le département ; le surplus est exporté sous forme de farines, et cependant l'on importe des blés durs du Poitou, du Centre et de l'Orléanais pour la fabrication des pâtes alimentaires.

III. — **Avoine**

Cette culture s'est développée au détriment de celle du maïs ; il y a actuellement environ 87.000 hectares d'avoine, soit le quart de la surface cultivée en blé. Le développement de cette céréale tient à ce que sa culture est moins coûteuse que celle du blé ou du maïs.

L'avoine vient dans l'assolement après blé. Il arrive souvent aussi qu'elle vienne en tête d'assolement et soit fumée.

La variété la plus cultivée est l'avoine Grise d'hiver commune, dont la teinte varie du gris au noir, suivant la nature du sol qui l'a produite. Cette variété se sème indifféremment au printemps ou en automne ; dans la plupart des exploitations, on choisit le semis d'automne, afin d'éloigner tout risque d'échaudage au début de l'été.

La préparation du sol consiste en un déchaumage par pulvérisateur à disques, fin août-commencement de septembre, un labour en octobre, suivi d'un coup de herse, pour émietter un peu le sol, et l'on sème.

Il est bon de mettre, dans les terres destinées à recevoir l'avoine : 2 à 300 kgs de superphosphate, ainsi que 160 kgs de sulfate de potasse ; dans les terres-forts, ce dernier engrais est peu utile, il vaudrait mieux le remplacer par de la chaux, sous forme de nitrate, à raison de 100 kgs, mis au printemps pour stimuler un peu la végétation, si toutefois l'échaudage n'est pas à craindre.

Etant donné que la légumineuse est souvent semée dans l'avoine, il faut forcer la dose de super pour la porter à 500 kgs.

Le semis, les soins de culture, la moisson et le battage se font comme pour le blé. Avant de rentrer l'avoine, on la laisse ressuyer quelques jours sur le champ.

Les rendements sont très variables, en moyenne 23 hectolitres à l'hectare, soit 10 à 12 quintaux, rendement assez médiocre qui donne un prix de revient très élevé. C'est pourquoi l'avoine est peu employée dans l'alimentation du bétail, et on en exporte tous les ans près de 30.000 quintaux dans les départements viticoles du Midi et, si l'on en a besoin, on en fait venir de Vendée, de Bretagne ou d'Algérie.

IV. — **Orge**

Sa culture est très réduite, puisqu'elle n'occupe que 2.000 hectares dans la Haute-Garonne. Elle sert à l'alimentation du bétail. La variété commune, qui est une orge de printemps, se sème même avant l'hiver dans toute la plaine toulousaine, étant donné la faible rigueur de cette saison.

Comme l'avoine, elle sert à abriter la prairie artificielle semée dans les interlignes.

Sa culture ressemble en tous points à celle des autres céréales, mais pour elle, plus que pour toute autre, la terre doit être finement pulvérisée pour le semis.

Théoriquement, la récolte devrait se faire à complète maturité, mais pratiquement on la fait quelques jours avant, pour éviter l'égrenage. Si l'on a semé des fourrages dans la céréale, on laisse les javelles quelques jours sur le sol avant de les rentrer, car dans la moisson se trouve, en effet, du fourrage vert qui pourrait produire un échauffement dans la masse et amener la pourriture de la paille.

Le rendement en grain est de 10 quintaux.

V. — Seigle

Le seigle, réussissant dans tous les terrains, a sa place réservée sur les plus mauvais sols, environ 4.000 hectares.

Il serait possible d'augmenter l'importance de cette culture en semant, à la place du blé, du seigle sur les terres silico-argileuses qui ne donnent qu'un faible rendement. Mais en ceci il ne faut pas exagérer, car il est reconnu que la culture du seigle n'est pas assez rémunératrice en bonne terre.

Dans les terres moyennement riches, où la culture du blé ne donnerait pas d'assez bons rendements, on sème un mélange de 2/3 de blé et 1/3 de seigle. Cette association de ces deux céréales, appelée « méteil » ou « caron », donne un rendement qu'il serait difficile d'obtenir dans le même sol avec l'une ou l'autre de ces plantes.

Le seigle du pays se développe rapidement, aussi est-il fréquemment cultivé comme fourrage.

Le seigle des Montagnes de Larboust donne de bons rendements, mais il est un peu plus tardif que le précédent.

Le seigle de Saint-Jean est bisannuel ; semé en juin, il donne une coupe de fourrage avant l'hiver et une récolte de grain l'année suivante.

Pour cette culture, on pourrait appliquer la méthode Jean, car le seigle demande une terre plutôt ameublie superficiellement que profondément travaillée. Les engrais phosphatés lui suffisent, mais il n'est pas mauvais de mettre des engrais potassiques ou azotés, si l'on veut avoir de bonnes récoltes.

Le semis se fait d'assez bonne heure, en octobre, afin qu'il ait bien le temps de se développer avant les sécheresses qui peuvent survenir au printemps.

La récolte a lieu en juillet, lorsque le grain est à peu près sec, contrairement au blé et à l'avoine.

Le rendement moyen est de 7 quintaux à l'hectare.

CHAPITRE VI

FOURRAGES

I. — **Généralités**

La production des fourrages verts pour l'alimentation des animaux est assez réduite ; ceci tient à ce qu'il y a une insuffisance notable du cheptel vif par rapport à la surface cultivée ; la réciproque est vraie, et il n'est pas rare d'entendre des propriétaires dire : « Comment pourrais-je avoir plus d'animaux si je n'ai pas de quoi les nourrir ? »

Ce qui se passe surtout, c'est que les viticulteurs du Bas-Languedoc, offrant de bons prix, achètent dans la partie haute de la province tous les fourrages dont ils ont besoin.

Cette fausse situation ne peut durer : il faut lui trouver un remède, qui pourrait être celui-ci :

Extension de la culture des légumineuses permettant l'entretien d'un troupeau plus nombreux.

Il résulterait de cette modification un enrichissement considérable de la région toulousaine, non seulement par l'élevage intense qui serait créé, mais aussi par les bons rendements en céréales obtenus dans des terres enrichies en azote par les débris des légumineuses, et convenablement fumées, grâce au bétail entretenu.

La première partie de ce programme est réalisée

en bien des endroits propices à la culture des fourrages, notamment dans la vallée de la Garonne, entre Saint-Gaudens et Toulouse, tout le long du canal de Saint-Martory, mais ces prairies artificielles ne sont entretenues que pour être livrées, sous forme de foin, dans les pays où la culture de la vigne occupe tout. Et c'est ici que réside le gros écueil qui peut annihiler plusieurs années d'efforts et de tenacité, car parmi les paysans qui auront atteint ce premier but, s'en trouvera-t-il beaucoup qui sauront résister à l'appât du gain immédiat par la vente de leurs fourrages, au lieu d'acheter des animaux et d'en faire l'élevage, qui est la fin vers laquelle ils devront diriger tous leurs efforts, et dont la pratique constante est le seul moyen d'arriver à la prospérité.

Ces principes ont reçu une application pratique moyennant une modification complète de l'exploitation, sur le domaine de Saint-Maurice (1), situé dans la partie la plus sèche du département, sur les boulbènes que l'on considérait autrefois propres uniquement à la culture de la vigne. On a remplacé une partie des vignes par des fourrages, qui supportent facilement l'irrégularité du climat toulousain et les céréales qui viennent ensuite donnent toujours de bonnes récoltes, comme nous l'avons vu à propos du blé ; il est donc bien inutile de souligner davantage combien les agriculteurs auraient intérêt à développer la culture des légumineuses.

---

(1) Domaine de Saint-Maurice, près Villeneuve-sur-Tarn, appartenant à M. de Naurois.

Bien sûr, il n'est pas dans les moyens de tous de transformer ainsi brusquement une exploitation, mais on peut le faire lentement, patiemment ; jusqu'ici il n'y a rien à reprocher à ce système, mais il devient difficile à appliquer pour les petits cultivateurs lorsqu'il s'agit de la conservation de ce fourrage. Le meilleur mode de conservation est la mise en silo, comme cela se pratique à Saint-Maurice ; on évite ainsi l'effeuillage des légumineuses dû au fanage, c'est-à-dire la perte d'une bonne partie de leurs principes nutritifs ; grâce à ce nouveau procédé, l'on a constaté que les animaux croissaient beaucoup plus vite.

Le premier silo, installé dans un pigeonnier, ne tarda pas à éclater sous la pression intérieure ; il fut remplacé par des silos en ciment armé et, bien qu'ils soient renforcés de cercles en fer, les fortes fermentations fissurèrent bientôt les parois en ciment. Mais le silo qui donne les meilleurs résultats est celui en métal : il n'est pas plus cher que celui en ciment armé, il est plus facile et plus rapide à édifier, et résiste bien aux acides et aux pressions intérieures.

Cette dernière partie est irréalisable pour le paysan, faute de capitaux, et il devra se contenter de la conservation du foin en grenier, comme par le passé, car ici non plus on ne peut pas penser à une association entre plusieurs propriétaires pour l'édification d'un silo destiné à la conservation de fourrages dont ils auront constamment besoin.

Depuis quarante ans, la culture du fourrage s'est un peu développée, mais il y a encore beaucoup à faire pour lui donner toute l'importance qu'elle devrait avoir. Elle occupe actuellement 48.200 hectares contre 40.932 en 1882.

Les fourrages les plus cultivés sont la luzerne, le sainfoin, le trèfle et quelques fourrages verts annuels, comme maïs, seigle, etc...

	SUPERFICIE	PRODUCTION A L'HA.
	—	—
Luzerne	30.667 ha.	66 qx métr.
Sainfoin	14.992 »	35 »
Fourrages verts annuels.	11.670 »	160 »
Trèfle	10.385 »	32 »

Or, on exporte tous les ans dans le Midi viticole 800.000 quintaux (métriques) de luzerne, soit près de la moitié de la récolte, et 200.000 quintaux (métriques) de fourrages divers.

Avant de commencer l'étude des fourrages, il faut signaler qu'il y a, dans le Sud-Ouest, une déformation quant à la désignation des fourrages. C'est ainsi que le sainfoin est appelé luzerne dans le pays et, réciproquement, la luzerne est appelée sainfoin. Pour éviter toute confusion, le vrai sainfoin est souvent appelé « esparcette ».

II. — **Luzerne (Sainfoin du pays)**

Dans les anciens assolements, la luzerne se trouve hors-sole où, pour ne pas avoir de perturbations dans l'exploitation, on la laisse cinq et même dix ans à la même place, de sorte qu'à partir de la troisième année les récoltes obtenues sont très inférieures. Pour être plus à même d'éviter ce laisser-aller dans la culture, autant que possible, on la fait entrer actuellement dans l'assolement, afin que toutes les parties de la propriété la portent successivement, pour le plus grand bien de l'amélioration des terres.

Cette culture ne peut se faire que dans les terres-forts profonds ; les boulbènes ne conviennent pas, car elles sont trop sèches et manquent de chaux.

La luzerne est semée dès que les gelées ne sont plus à craindre, sur une terre ayant reçu un labour d'hiver et des coups de canadien au printemps, pour l'ameublir et faire disparaître les mauvaises herbes.

Il serait bon de fumer le sol, mais l'on se contente, la plupart du temps, de mettre des superphosphates qui, dans ces sols, donnent toujours de bons résultats, ou bien des phosphates de chaux naturels, qui réalisent le double apport d'acide phosphorique et de chaux. De même, un apport de 400 kgs de plâtre au printemps qui suit le semis aide beaucoup la luzernière à poursuivre sa végétation, surtout dans ces sols riches en potasse.

La luzerne donne trois coupes : la première à la fin de mai ; la coupe se fait avec la faucheuse. On laisse le fourrage en andains pour qu'il se sèche bien ; pendant la nuit, on le met en meulons à l'aide de fourches ; par beau temps, il suffit de trois jours pour que le foin soit parfaitement sec (l'usage du râteau-faneur est encore peu répandu), puis on le rentre à la ferme, mais la place manquant souvent, la récolte reste dehors en meules abritées par un lit de paille.

III. — Sainfoin (Luzerne du pays ou Espacette)

Cette légumineuse est beaucoup moins difficile que la précédente quant à la nature du sol ; elle végète bien sur les sols secs et graveleux des boulbènes.

Le sainfoin est généralement semé dans l'avoine ; la préparation du sol est donc identique à celle de la céréale. Ceci a un inconvénient pour les labours, qui doivent être profonds pour la légumineuse et moyens pour la céréale. On pourrait se tirer d'affaire en faisant passer derrière la charrue une fouilleuse qui ameublirait le sous-sol, mais sans le remonter. Si la plante sarclée n'est pas trop éloignée, le labour qui a été nécessité suffit, il convient cependant de passer le pulvériseur, puis le canadien.

Les matières fertilisantes mises se composent presque uniquement de phosphates ; pour obtenir une action beaucoup plus efficace, cet engrais devrait être mis sur le labour entre le passage de la charrue et celui de la fouilleuse, afin qu'il se mélange beaucoup plus intimement avec le sous-sol dans lequel les racines des légumineuses vont chercher leurs aliments.

Dans toute la Haute-Garonne, l'esparcette est semée au printemps, dès que les gelées ne sont plus à craindre, soit seule, soit avec du trèfle, sur une céréale d'automne. Le coup de herse qui a pour but de recouvrir la semence fait le plus grand bien à la céréale.

Les soins de culture se réduisent à des hersages pendant la deuxième année ; il serait bon d'apporter à ce moment-là du plâtre qui produirait les mêmes bons résultats que pour la luzerne.

Le fauchage a lieu quand l'esparcette est en fleurs. Le fanage et la rentrée du fourrage se font comme pour la luzerne.

L'esparcette est très employée dans l'alimentation des chevaux et mulets.

IV. — **Trèfle**

Le trèfle a l'avantage de venir dans tous les terrains, sauf dans ceux qui sont trop épuisés, c'est-à-dire dans ceux où la chaux fait complètement défaut. Etant toujours semé dans une céréale, il n'y a rien à dire de spécial sur la préparation du sol et les engrais. On ne le laisse que deux ans et on le fait suivre d'une autre céréale, ce qui est le meilleur moyen d'utiliser les réserves d'azote qu'il a faites pendant sa végétation.

Le trèfle est toujours semé en même temps que la céréale qui doit l'abriter ; semé plus tard, il se trouverait gêné par les racines de la plante qui doit le protéger contre les ardeurs du soleil.

Le trèfle n'est pas pâturé, d'abord parce que les animaux tondent la prairie trop ras, ce qui empêche la végétation de reprendre, ensuite parce que la météorisation est à craindre.

La récolte a lieu en juin pour la première coupe ; le fourrage coupé est laissé en andains, puis on le retourne et on le met en tas pour faciliter le chargement sur les voitures qui doivent le ramener à la ferme.

Le trèfle est cultivé non seulement pour son fourrage, très abondant d'ailleurs, environ 8.000 kgs, lorsque l'on a fait un bon emploi de phosphates, mais aussi pour sa graine, qui est une source de bons bénéfices.

Actuellement, on bat le trèfle à la batteuse ordinaire, mais on rapproche le contre-batteur. Le battage sur l'aire existe encore. On rend aussi propre que possible une surface de terrain de $5^m \times 5^m$, on tasse le sol, et après avoir étalé les fourrages sur le sol ainsi préparé, on fait tourner un cheval tirant un rouleau en pierre.

V. — Trèfle incarnat

Ce fourrage, appelé « farouch », est très cultivé dans le Sud-Ouest, car il donne de bonne heure un excellent aliment ; il ne provoque pas la météorisation, repousse très vite et peut se cultiver dans tous les sols.

Son semis se fait d'une façon extrêmement simple, en septembre, sur un chaume retourné par un léger labour, ou bien sur lequel on a passé le pulvériseur à disques, en long et en large, puis le canadien. Cette dernière méthode est très suffisante et elle a l'avantage de demander moins de temps pour l'exécution. On enterre la graine par un coup de rouleau. En décembre, l'herbe serait suffisamment haute pour être pâturée, mais on préfère ne pas y toucher, afin d'avoir un meilleur rendement à la coupe, d'autant plus qu'à cette époque on possède suffisamment de fourrages secs pour l'entretien du bétail.

C'est au mois de mai que l'on commence à donner du trèfle aux animaux ; le surplus de la récolte, donne un très bon fourrage sec.

Il n'y a pas d'inconvénient à ce que le farouch soit hors-sole, car il peut se succéder indéfiniment sur le même terrain ; cependant sa rotation dans l'assolement est plus rationnelle, car elle permet de faire profiter successivement toutes les cultures de l'azote qu'il a emmagasiné.

VI. — **Vesces**

Assez cultivées lorsque l'on possède un troupeau de moutons, les vesces sont d'un grand secours, car elles fournissent du fourrage pendant longtemps, ce qui permet d'attendre les chaumes de céréales.

Lorsque la vesce est semée en hiver, on met en même temps, pour soutenir ses tiges, du seigle ou de l'escourgeon, pourvu que ce soit sur un sol pas trop léger et un peu frais. Ce genre de culture n'est donc permis que dans les sols argilo-calcaires (terres-forts).

Il y a une variété de vesce, la vesce velue, dont le terrain de prédilection est un sol argilo-siliceux (boulbènes), le plus sec soit-il.

Pouvant être semée soit en hiver, soit au printemps, la vesce velue convient parfaitement pour occuper une jachère ; on la sème dans une céréale, qui n'en est que meilleure, car la formidable végétation de la vesce étouffe les mauvaises herbes.

Certains recommandent de fumer ce fourrage, mais comme il vient généralement après maïs, cette opération semble inutile ; on se contente de super. Un apport de phosphate de chaux est beaucoup plus utile sur ces terres décalcifiées.

VII. — **Lotier corniculé**

Ce fourrage, qui a l'avantage de durer indéfiniment, même sur des sols pauvres, de donner deux coupes par an, de fournir un bon pâturage repoussant sous la dent du bétail chez lequel il ne produit pas de météorisation, est malheureusement très peu connu parmi les agriculteurs du Pays Toulousain. Dans quelques exploitations où on le cultive, il donne de très bons résultats.

Il végète bien dans les terres demi-profondes, silico-argileuses ou argilo-calcaires, humides l'hiver et sèches l'été, ce qui répond à peu près à la nature des boulbènes. Ces terrains ne donnant que des fourrages assez médiocres, il serait tout indiqué d'y essayer le lotier.

Le lotier a une valeur alimentaire égale à celle du trèfle, mais au point de vue rendement il ne peut lutter avec le trèfle en terres fertiles, ni même avec tout autre fourrage ; dans une terre moyenne, cependant, il reprend l'avantage, il se révèle comme une culture fourragère presque parfaite, dont le rendement toutefois est toujours en rapport avec la fraîcheur du sol.

Sur ce fourrage, qui doit être semé avec des graminées pour lui servir de tuteur, les engrais phosphatés sont on ne peut plus nécessaires pour assurer la réussite de la prairie.

VIII. — **Maïs fourrager**

Comme le maïs à grain, le maïs fourrager n'est cultivé que sur les alluvions ou sur les terres argilo-calcaires. On cultive surtout :

Le maïs jaune hâtif et le maïs quarantain. Ils sont tous deux très hâtifs et donnent un excellent fourrage, ainsi que le maïs Caragua (dent de cheval) qui peut atteindre 3 mètres de haut.

La culture est la même que celle du maïs à grain, mais on sème un peu plus dru afin que les tiges se développent en hauteur.

Les engrais sont aussi les mêmes, cependant on doit forcer un peu sur l'azote, pour amener une végétation foliacée plus abondante.

Le maïs n'est pas semé en une seule fois, mais un peu tous les quinze jours. Aussitôt après la levée, il faut faire des sarclages et des buttages.

Le maïs-fourrage est coupé à partir du mois d'août, au fur et à mesure des besoins, car s'il était rentré sous un hangar, il aurait vite fait de pourrir. L'excès de récolte est donné à consommer en sec aux bovins pendant l'hiver.

Remarque. — Dans les sols trop secs où le maïs et le sorgho ordinaire ne réussissent pas bien, on sème du sorgho fourrager.

CHAPITRE VII

LANDES - BOIS - PRAIRIES

Comme on peut le voir par la lecture de l'ouvrage de M. l'abbé Lafforgue sur Croix-Daurade, le paysan a cru pendant longtemps à la nécessité de la lande dans la culture. Ces grandes étendues en friche lui servaient de pâturage pour son bétail, lui fournissaient du combustible et lui permettaient de concentrer ses efforts sur les meilleures terres. La conservation des landes situées autour de la ville était sous la sauvegarde des « capitouls » et, d'autre part, la corporation des bouchers, qui s'en servait pour entretenir des troupeaux de bœufs et de moutons, n'avait aucun intérêt à ce qu'elles furent défrichées (1).

Ce qui était appelé autrefois la « Grande Lande » est aujourd'hui le centre le plus important de la culture maraîchère dans la vallée de la Garonne, et s'il n'y avait un village appelé Lalande, patrie de la violette de Toulouse, on ne se douterait pas,

---

(1) La Grande Lande. Partie nord du Gardiage de Toulouse, s'étendant dans toute la plaine de la Garonne jusqu'à Montbéron et Launaguet.

en circulant dans ces beaux jardins, quel aspect morne et désolé présentait jadis ce pays.

Toutes les landes n'ont pas encore disparu, mais on cherche de plus en plus à obtenir une utilisation complète de la surface du sol, soit par la culture, soit par l'établissement de prairies ou par le reboisement là où deux premiers essais n'ont pas réussi. Ce boisement est constitué surtout par des chênes; des plantations de pins ont été esayées avec succès sur certains sols silico-argileux.

Le massif forestier était très important jadis, puisqu'il occupait la septième partie de la Haute-Garonne sous la Révolution, pour ne plus en occuper que la vingt-troisième, cent ans plus tard. Depuis, ces forêts ont encore diminué et l'on ne trouve plus qu'un massif important, la forêt de Bouconne, à l'ouest de Toulouse. De la forêt de Vacquiers, à 25 kilomètres au nord de Toulouse, autrefois assez importante, il ne reste plus que quelques bois, que la culture reprend chaque année davantage ; il en est de même pour tout le reste du Pays Toulousain. Les bois n'ont conservé une certaine importance que dans la partie méridionale du département, entre Saint-Gaudens et Luchon, c'est-à-dire à partir des contreforts de la chaîne des Pyrénées.

L'exploitation de ces petits bois est assez irrégulière, généralement les coupes reviennent tous les dix ans.

Les ajoncs qui encombrent les bois situés sur les terrains siliceux sont complètement délaissés dans la Haute-Garonne. Et pourtant, lorsqu'ils sont jeunes et qu'ils ont été broyés, ils fournissent un aliment qui est assez apprécié du bétail et qui pourrait être utilisé lorsque les fourrages font défaut.

Prairies

A l'encontre des prairies artificielles, les prairies naturelles sont peu développées, dans la région des plaines et coteaux, elles occupent 55.000 hectares, mais il faut bien se rendre compte que sur cette superficie il y a 30.000 hectares qui se trouvent dans la région montagneuse, où l'irrigation est plus facile.

En principe, tous les terrains peuvent porter des prairies, mais sur les terres trop compactes, comme les argilo-calcaires, on n'obtient qu'une herbe courte, et sur les terres trop sablonneuses, comme les boulbènes qui se dessèchent très vite, il faut des années exceptionnellement humides pour avoir du fourrage.

Presque toutes les métairies sont entourées d'un terrain vague qu'il est convenu d'appeler le pré, et sur lequel l'herbe, bonne ou mauvaise, nourrissante ou non, a été semée une fois, et depuis se renouvelle toute seule. Ces prairies ne reçoivent que rarement des soins, aussi l'herbe y est-elle très tassée, souvent sèche, car l'air et l'eau ne circulent que difficilement dans le sous-sol. Il ne faudrait pas généraliser cela et croire qu'il n'y a pas de bonnes prairies dans le Pays Toulousain ; il y en a, au contraire, d'excellentes sur les alluvions de la vallée de la Garonne, il est vrai qu'elles sont dans des conditions très favorables, car elles sont facilement irrigables, grâce au canal de Saint-Martory ; on en trouve aussi de très bonnes dans toute la région où se fait l'élevage des tourillons gascons, c'est-à-dire entre Léguevin (Forêt de Bouconne) et Saint-Lys, dans la vallée du Touch.

CHAPITRE VIII

CULTURE MARAICHERE

Toulouse est un grand centre de productions maraîchères ; tout concourt à assurer leur succès : climat tempéré, nature du sol et des eaux et, par-dessus tout, le pur soleil d'Occitanie. Aucune région n'est aussi favorisée pour permettre aux légumes et aux fruits d'acquérir un grand développement tout en conservant toute leur saveur, qualité qui leur permet, bien qu'étant en retard d'un mois sur les légumes d'Algérie, de trois semaines sur ceux de la vallée du Rhône et de quinze jours sur ceux du littoral méditerranéen, de faire prime dès leur apparition sur le marché.

6.000 hectares du département de la Haute-Garonne sont consacrés à la culture maraîchère ; mais il faut les diviser en deux parties bien distinctes :

1° La culture maraîchère en plein champ : culture de l'ail et de l'oignon dans la vallée de la Garonne, culture de la fève et des haricots un peu partout.

2° La culture maraîchère proprement dite, qui se pratique dans la banlieue immédiate de Toulouse, sur 2.000 hectares environ.

I. — Culture maraîchère en plein champ

L'Ail

Sa culture est localisée dans la vallée de la Garonne ou sur les boulbènes des différentes terrasses, car ce sont les alluvions et les terres argilo-siliceuses qui lui conviennent le mieux, les terres plus humides comme les terres-forts amenant de la pourriture. Le sol doit être bien ameubli et anciennement fumé.

On cultive surtout l'ail blanc ou commun et l'ail rose. La plantation peut se faire soit en février-mars, soit en novembre. On sème les caïeux en poquets en laissant 20 à 25 centimètres entre les lignes et 10 à 12 centimètres sur les lignes. Pendant la végétation, on effectue un binage et un sarclage. La récolte a lieu en mai ou en juin, suivant que l'on veut vendre l'ail en vert ou en sec. En plus du marché, qui se tient à Toulouse le jour de la Saint-Barthélemy, il y a une foire importante à l'ail le 18 octobre, à Grenade.

L'Oignon

Pour les mêmes raisons que l'ail, l'oignon n'est cultivé que dans la vallée de la Garonne. Les principaux centres de production sont Lalande, Aucamville, Launaguet, Lacourtensourt et Fenouillet. Le sol, que l'on prépare en juillet-août, doit être bien ameubli et bien fumé.

Le semis se fait en pépinières d'août à septembre, dans des sillons tracés à la houe ; on recouvre la graine avec le râteau, puis on épand sur le sol une mince couche de fumier. Au bout d'une quinzaine de jours, les jeunes tiges commencent à sortir, on fait des arrosages et des sarclages.

Plantation à demeure. — On plante plutôt sur plantes sarclées que sur céréales, car ainsi, la condition d'une fumure ancienne est réalisée. Le sol doit être bien ameubli par des labours répétés au brabant et des hersages au canadien. Par le dernier labour, on divise la surface en planches.

Quelquefois, on fait subir aux jeunes plants l'opération du pralinage. On plante en sillons en mars-avril, à 20 centimètres entre les lignes et 10 centimètres sur les lignes. Pendant le cours de la végétation, on doit faire de nombreux sarclages pour rafraîchir les jeunes plants et détruire les mauvaises herbes. La récolte a lieu en juin par un temps ni trop sec, ni trop humide. La vente a lieu en vert ou en sec. Ces oignons sont vendus dans toute la France ainsi qu'en Belgique, en Allemagne, en Angleterre et en Irlande ; ce dernier pays importe à lui seul, annuellement, plus de 10.000 tonnes d'oignons français ou hollandais.

La Fève

A l'inverse des deux cultures précédentes, la fève aime mieux les terres un peu fortes. On cultive surtout la fève de Séville. Elle est semée en octobre pour la récolter en mars. La récolte se fait au fur et à mesure de la maturité et même un peu avant ; semée avant l'hiver, cette légumineuse souffre parfois du froid, il s'ensuit que l'on obtient des rendements très variables, 6 à 16 quintaux à l'hectare. Cette culture tend à diminuer, car elle est salissante et il est difficile de lui faire tous les sarclages qu'elle demande par suite du manque de main-d'œuvre. Ceci est dommage, car les fèves reçoivent un très bon emploi dans la nourriture des bovins à l'engrais.

Les Haricots

C'est des haricots à consommer en grains qu'il s'agit, les autres espèces exigeant une culture trop délicate pour être semées en pleine terre.

Le semis se fait en pleine terre, dès le 20 mars, dans des sillons profonds de 8 centimètres et espacés de 75 centimètres. Quand la levée a eu lieu, on bine, puis on renouvelle cette opération quinze jours plus tard, enfin l'on butte et l'on tuteure.

On commence à récolter trois mois et demi à quatre mois après le semis. Souvent aussi, on cultive les haricots entre les lignes de maïs qui sert alors de tuteur et ne paraît pas gêné de cette culture intercalaire. Les rendements en haricots varient entre 500 et 1.000 kgs à l'hectare.

II. — Culture maraîchère proprement dite

Cette culture étant très particulière, nous nous contenterons de signaler les principales productions avec leurs centres, car le détail de la culture nous entraînerait trop loin.

Tomates. Cultivées à Lalande, Lardenne, Aucamville. Production totale : 500.000 quintaux métriques. Il y a plusieurs fabriques de conserves pour ces légumes.

Asperges. Cultivées à Blagnac, Grenade. Production : 4 à 500.000 bottes. Ces légumes sont exportées en grande quantité vers l'Angleterre.

Choux-fleurs. Cultivés surtout à Blagnac, Saint-Martin-du-Touch, Aucamville, Lalande. Production : 5.000.000 de pieds. Le tiers de cette production est consommé à Toulouse, le reste est expédié dans l'Aveyron et les Hautes-Pyrénées.

Petits pois. Cultivés surtout à Saint-Jory et à Castelnau-d'Estrétefonds. La production atteint 500 quintaux métriques, le tiers est consommé à Toulouse à l'état frais, le reste est mis en conserves.

Epinards. Cultivés dans les mêmes localités que l'oignon. La production, qui atteint près de 5.000 quintaux métriques, est expédiée en grande partie à Paris en vue de l'exportation à l'étranger. Il y a également, à Toulouse, une fabrique de conserves d'épinards.

Artichauts. La production est insuffisante pour la consommation locale : on en importe de Montauban et de Perpignan.

Une place particulière doit être réservée à la culture des cornichons, qui se fait sur les deux rives de la Garonne, depuis Verdun-sur-Garonne jusqu'à Blagnac, dans un rayon de 10 à 15 kilomètres. C'est à partir de 1865 que cette culture s'est introduite dans la région, où elle a rapidement pris un très grand développement. Les cornichons sont mis en conserves dans une dizaine d'usines, toutes à Toulouse. Celles-ci écoulent environ 3.000 tonnes de cornichons par an. L'Angleterre, à elle seule, absorbe la moitié de la production toulousaine, qui est expédiée par le canal latéral jusqu'à Pauilhac, où on les embarque à destination de la Grande-Bretagne. La culture du cornichon peut se développer encore davantage sans craindre de manquer de débouchés ; en effet, l'Angleterre a un très grand besoin de ces condiments pour la fabrication des pikkles.

Melons. Cultivés principalement à Saint-Jory. Production moyenne : 1.000 quintaux métriques.

Pommes de terre nouvelles dites « cornichonnes ». Cultivées à Lalande. Elles donnent en moyenne 10.000 quintaux métriques par an, qui sont consommés dans la Haute-Garonne et les départements limitrophes.

La production fruitière est loin d'être aussi développée que la production des légumes, car pour sa consommation Toulouse doit importer des départements voisins le tiers des fruits qui sont demandés.

Montjoire et Lalande produisent 2.500 kgs de fraises, mais cette quantité est très insuffisante. Entre autres, signalons qu'il existe de nombreux vergers de pêchers dans la vallée de la Garonne ; cet arbre donne de très bons rendements dans les boulbènes meubles, caillouteuses, fraîches, mais non humides.

La création de vergers sur les terrasses de la vallée exige un rideau d'arbres protecteur contre le vent d'autan.

Le raisin de table, chasselas surtout, donne lieu à un commerce très important. Il reçoit les mêmes soins de culture que la vigne ordinaire, mais on lui réserve les meilleures expositions, car plus il est en avance, mieux il se vendra. On le récolte le matin, on le trie, enlevant les grains abîmés, pourris ; puis on le met en paniers de 10 kgs qui sont transportés durant la nuit suivante pour arriver à Toulouse dès l'ouverture du marché. Les premiers raisins font 1 franc le kilo, puis, quand le marché bat son plein, les prix varient entre 0 fr. 75 et 0 fr. 85 le kilo. La production du chasselas est consommée à peu près entièrement à Toulouse. Il serait pourtant facile d'intensifier la production du raisin de table et d'exporter vers les pays non-producteurs, tels que l'Angleterre. Dans ce cas, il conviendrait d'apporter une légère modification dans le choix des variétés à cultiver, car les Anglais préfèrent les raisins à gros grains, le chasselas ne leur convient donc pas par suite de la petitesse de ses grains.

III. — Fleurs

Grâce à la douceur de son climat, le Pays Toulousain fait concurrence dans cette production à la Côte d'Azur.

Toulouse est, en effet, un des berceaux de la culture du chrysanthème. C'est là qu'on a obtenu, il y a quelque cinquante ans, les premières variétés par le semis de graines venant du Japon. Le camélia est également cultivé, mais c'est dans la culture de la violette que les horticulteurs toulousains excellent surtout.

La violette de Toulouse, connue sur les marchés étrangers sous le nom de violette de Parme de Toulouse, est cultivée surtout dans la commune de Lalande. Bien que sa culture n'occupe qu'une vingtaine d'hectares, la production est suffisamment importante pour réaliser un mouvement commercial de plusieurs millions de francs par an. Cette culture va sans cesse en se développant, car la violette est très demandée sur les marchés des grandes villes septentrionales de France et de l'étranger, où elle porte un peu du chaud soleil du Midi.

C'est une culture assez délicate, qui exige de grands soins de la part de ceux qui la pratiquent ; en principe, tous les sols lui conviennent : à Lalande, ce sont des sols pauvres silico-argileux (ancienne lande), assez meubles, mais qui ont été enrichis depuis longtemps par la culture maraîchère.

La violette est cultivée sur des planches de 1^{m}35 de large portant cinq rangées de violettes. On compte environ 100 pieds par mètre carré. La violette se multiplie principalement au moyen de plants provenant de l'enracinement des stolons. La plantation à demeure a lieu vers la fin d'avril. On cultive simultanément sur deux planches différentes. d'un côté la violette devant produire dans l'année, de l'autre côté la violette qui sera plantée l'année suivante.

Dans le premier cas, on plante dans les proportions et à l'époque indiquées ci-dessus, dans un terreau convenablement ameubli. Après la plantation, il faut arroser tous les jours, de préférence le matin, et abriter les jeunes plants de l'ardeur du soleil par des paillassons. En juillet-août, on procède à l'enlèvement des filets qui poussent au-dessous des feuilles ; cette opération est absolument indispensable, sans quoi les filets se développeraient au détriment de la fleur ; lorsque les filets repoussent, il faut les enlever au fur et à mesure. Ce travail est très long, très pénible et, par suite, assez coûteux. A la fin d'août, on doit fumer les plantations de violettes pour entretenir au-dessous la fraîcheur du sol et empêcher le durcissement à la surface. Avant de fumer, on doit ratisser un peu. L'opération qui consiste à mettre ce fumier est assez délicate ; on tord le fumier entre les mains, puis on le dépose entre les rangées de violettes ; une fois posé, on écarte les pieds et on l'étale, car il ne doit pas recouvrir les feuilles. Sur le fumier, on met quelquefois un peu de nitrate ou bien un engrais complet.

Dès le début d'octobre, il faut s'occuper d'abriter les jeunes plantes contre le froid ; pour cela, on élève le long des planches de petits murs en briques et l'on recouvre de vitres sur lesquelles on met des paillassons au moment des fortes gelées. C'est à ce moment que commence la récolte, qui est bonne en octobre-novembre, puis les rendements journaliers diminuent en novembre, décembre et janvier, pour reprendre en mars lorsque la chaleur revient. Quand la récolte est terminée, ce qui reste sur la planche est arraché et jeté. Certains horticulteurs cependant gardent ces résidus pour les replanter : on obtient ainsi des violettes de deuxième qualité.

Les violettes cueillies pendant toute la journée sont mises en bouquets pendant les veillées et vendues par l'entremise du Syndicat des Producteurs de Violettes, qui a des représentants pour la vente de ses produits dans les grandes villes européennes. Les violettes vendues ainsi sont celles qui ont la queue longue, et plus cette dernière est longue, plus elles valent cher ; les autres sont vendues sous le nom d'équeutées à des confiseries, qui les cristallisent.

Production des plants

La planche qui ne doit pas produire dans l'année courante, mais qui doit servir à replanter, reçoit à peu près les mêmes soins, mais il faut pas enlever les filets qui doivent, au contraire, bien se développer. Pour favoriser ce développement, on recouvre les pieds de bonne terre. Quand on veut planter, on arrache un plant et, suivant le nombre de filets qu'il possède, on en obtient un ou plusieurs autres pieds pour la plantation.

CHAPITRE IX

VIGNOBLE

Le vignoble toulousain est localisé principalement sur les terres silico-argileuses du système de terrasses de la vallée du Tarn. Les principaux centres sont : Villaudric, Villemur et Fronton.

Après les ravages du phylloxéra, les viticulteurs firent un gros effort pour reconstituer le vignoble, mais beaucoup hésitèrent à faire les grosses dépenses qu'entraîne une reconstitution, d'autant plus que de nouveaux ennemis attaquent la vigne à cette époque : on voit succéder à l'oïdium, l'antrachnose ; au phylloxéra, le mildiou ; au black-rot, la cochylis. Partout, il a fallu prendre des cépages américains, sauf pour le vignoble de Villaudric, qui est encore constitué par les anciens cépages. Actuellement encore, la mévente du vin et les lois de prohibition font réfléchir le cultivateur lorsqu'il s'agit de replanter des vignes, et pourtant les quantités de vins récoltés soit, en moyenne, 600.000 hectolitres, sont inférieures à la consommation ; il est vrai que les meilleurs vins sont exportés vers le Bordelais pour se revendre ensuite sous le nom de vins de Bordeaux.

CÉPAGES

Les vins de Fronton et de Villaudric sont produits avec la Négrette comme cépage principal. Malheureusement, la Négrette, sensible à la pourriture et à la cochylis, donne un vin sujet à la casse, aussi ce cépage est-il peu à peu remplacé par des cépages moins fins tels que le Gros Noir, le Durif, le Valdiguier, le Milgranet, le Malbec, le Jurançon blanc, etc. Ces vins sont bien colorés, bouquetés et agréables.

L'Othello réussit particulièrement bien sur les coteaux de terres-forts, mais il ne donne jamais qu'un vin assez grossier ; son goût, qui n'est pas mauvais, son fort degré en alcool et son coloris, qui est assez intense, le font très apprécier des paysans. Quoique assez sensible aux maladies, ce cépage donne de bons résultats avec deux ou trois sulfatages.

Parmi les autres variétés, signalons : le Gamay, le Chasselas, la Morterille, l'Aramon.

Les hybrides donnent également de très bons résultats, ainsi que les croisements de Rupestris avec les variétés de la région, tels que Rupestris-Othello, Chasselas-Rupestris, etc.

La vigne est plantée en rangs espacés de 1^{m}20 à 1^{m}40, pour permettre le passage des instruments aratoires. On tend de plus en plus à établir la vigne sur fil de fer, les résultats obtenus sont bien meilleurs, car les pampres étant relevés, il est posible d'effectuer des binages pour détruire les mauvaises herbes, et parce qu'ainsi l'air et la lumière circulent mieux entre les souches et, par suite, favorisent la maturité des raisins.

TAILLE

On pratique la taille vers la fin de l'hiver, quand les gelées ne sont plus à craindre, généralement en février-mars, d'après la méthode Guyot double. On s'arrange pour donner aux souches une hauteur de 40 à 60 centimètres, qui est bien suffisante pour empêcher les raisins de se salir et permettre de travailler facilement la terre au pied du cep.

Souvent aussi, les souches sont taillées en gobelets ordinaires formés de quatre à six bras avec coursons à deux yeux. Cette taille en gobelet est celle qui réussit le mieux sur les vignobles des boulbènes maigres et sèches. Dans cette dernière taille, lorsqu'une souche est trop vigoureuse, on lui laisse, en plus des coursons qu'elle a déjà, un long-bois qui a pour but d'augmenter sa charge. Ce long-bois, souvent pris au-dessous des coursons, doit être choisi de telle façon qu'il ne soit pas un gourmand, mais bien au contraire, qu'il soit productif.

Le manque de chaleur n'étant pas à redouter, il n'y a pas lieu de pratiquer l'ébourgeonnage ; il en est de même pour le pincement.

FAÇONS CULTURALES

On ne donne généralement que deux labours : un avant l'hiver, pour déchausser les ceps ; un autre au printemps, pour les rechausser et enfouir le fumier.

Autrefois, les labours se faisaient uniquement avec l'arraire romaine, qui laisse la terre à plat. Cette charrue sans versoir fonctionne comme un extirpateur, elle est encore employée dans les boulbènes sèches et caillouteuses, car elle pénètre mieux que les autres charrues; elle a l'inconvénient de faire peu de travail. Actuellement, on s'en sert encore, mais seulement pour ouvrir le sol et rendre le travail de la charrue plus facile. Pour le deuxième labour, lorsque la vigne n'est pas sur fil de fer, on a quelquefois des dégâts, car les pampres, devenus long, sont arrachés par le passage des instruments ; pour remédier à cet inconvénient, on peut faire ce second labour en deux fois : la première fois, on donne un coup de charrue de chaque côté des rangées de souches lorsque la végétation n'est pas encore très développée, on peut alors ne terminer le labour que trois semaines plus tard, même si les pampres sont plus développées, car il n'y a plus rien à craindre pour eux. Dans les boulbènes battantes, on doit tenir le sol en billons, sans quoi il est pour ainsi dire impossible de les travailler par temps humide.

Comme dans toute région sèche, les binages doivent être assez fréquents dans le Pays Toulousain. Ils ont pour but de détruire les mauvaises herbes qui se développent avec une grande rapidité sur ce genre de terres et de ralentir l'évaporation de l'eau que la capillarité fait remonter à la surface ; on doit éviter de travailler lorsque les gelées sont à craindre. Pour ces travaux superficiels, on emploie beaucoup la houe extensible, ainsi que le canadien.

SOUFRAGES ET SULFATAGES

Le premier sulfatage se fait lorsque les pousses ont quatre feuilles au maximum, car c'est au moment de l'apparition des grappes qu'il faut craindre le mildiou. Ce premier traitement se fait à une dose assez faible comprenant presque autant de chaux que de sulfate de cuivre. On fait un soufrage aussitôt après le premier sulfatage, mais on ne doit pas dépasser, pour cette opération, l'époque de la floraison.

Durant la végétation, il y a lieu de faire encore de nombreux sulfatages pour protéger la vigne de toute atteinte de maladies.

RÉCOLTE

Les vendanges commencent vers le 20-25 septembre. Dans les petites exploitations, elles sont faites par entr'aide entre voisins ; dans les grands domaines, on prend des ouvriers espagnols.

Ce sont les femmes qui coupent le raisin ; lorsque leurs paniers sont pleins, elles les versent dans les « comportes » que transportent les hommes d'un bout de la vigne à l'autre. Souvent, c'est à la vigne même qu'on fait passer les raisins dans le fouloir-égrappoir. Cet appareil n'est pas employé depuis bien longtemps et, il n'y a pas dix ans, on foulait encore la vendange pieds nus.

Les caves ou chais n'offrent rien de bien particulier. Dans quelques propriétés, on commence à se servir de cuves en ciment armé et, d'une façon générale, d'un outillage assez perfectionné.

Troisième Partie

SPÉCULATIONS ANIMALES

CHAPITRE PREMIER

APERÇU GENERAL

Les bovins que l'on rencontre dans les fermes du Pays Toulousain sont rarement de races étrangères à la région, sauf cependant près des grandes villes, où l'on trouve des hollandaises, meilleures productrices de lait que les races locales. Mais il est plus difficile de trouver des bœufs qui ne soient pas de ces races locales, de même qu'il est difficile de trouver, dans les petites exploitations éloignées des grands centres, des vaches hollandaises ou bretonnes, et pourtant le besoin de ces vaches s'y fait bien sentir comme auxiliaire ; elle serait en effet très utile pour aider la vache qui vient de véler à nourrir son veau pendant qu'elle continue à travailler. La race hollandaise est une des rares parmi toutes celles que l'on a essayé d'acclimater qui ait bien conservé ses facultés laitières ; ces troupeaux se rencontrent presque exclusivement sur les terrains d'alluvions de la Garonne, aux alentours de Toulouse, car leur élevage en tout autre endroit, par exemple sur les boulbènes, risquerait fort d'être déficitaire.

Mais que ce soit la race gasconne, la garonnaise, la bordelaise ou une des races des Pyrénées, les races locales sont si bien adaptées au climat, au terrain, elles sont d'un tempérament si rustique auquel elles joignent une certaine aptitude à l'engraissement qu'elles sont adoptées partout, car elles répondent bien aux besoins des petits cultivateurs, asurant en même temps travail et reproduction.

On a dit que la caractéristique de la Haute-Garonne était l'insuffisance de cheptel vif par rapport à la surface cultivée ; l'ancien assolement blé-maïs montre, en effet, que la place réservée à l'élevage du bétail était très restreinte, pour ne pas dire nulle. Mais cette culture épuisante, sans fumier, n'a pu durer longtemps, il a fallu faire entrer dans l'assolement, des fourrages qui, tout en reposant le sol et l'enrichissant en humus, ont permis d'augmenter le cheptel et, de plus en plus actuellement, on intensifie la culture des fourrages, notamment sur les boulbènes.

Pour ses terres en coteaux, l'agriculteur toulousain a besoin d'une race à forte ossature, très résistante, et il a tout avantage à en augmenter le nombre et, d'une façon générale, à l'améliorer, car la vente de la viande sous toutes ses formes est d'un rapport tel, actuellement, qu'il n'est pas à dédaigner.

L'espèce bovine est pour ainsi dire le seul mode de traction employé dans le Lauraguais, le cheval ne convenant pas du tout pour ce genre de terres très argileuses ; cependant, il y en a toujours au moins un dans les métairies, pour atteler à la « jardinière » ou bien pour faire les travaux rapides tels que : passer la houe dans les rangs de pommes de terre, de maïs, ou pour les travaux de la vigne. D'une façon générale, on n'estime pas beaucoup le cheval : son entretien coûte très cher et l'espèce bovine a le grand avantage sur lui de faire de la viande lorsqu'elle ne travaille pas.

Sur les boulbènes, comme nous l'avons dit en parlant du climat et de l'agrologie, il est des moments de l'année où l'on aurait besoin de faire tous les travaux à la fois, aussi le bœuf trop lent, le cheval trop coûteux, ont fait adopter le mulet, dont l'emploi se généralise beaucoup depuis quelque temps. Bien habitué au climat, très sobre, très résistant et très rustique, il travaille plus vite que le bœuf et, à poids égal, il est plus vigoureux que le cheval. Le mulet, plus rapide, ne permet pas seulement une économie au point de vue « temps », mais aussi une économie au point de vue qualité du travail qui fait, quelquefois, lorsqu'on ne possède pas de mulets, préférer la traction par les vaches à celle par les bœufs.

CHAPITRE II

SPECULATIONS BOVINES

Les différentes statistiques nous montrent que le nombre de têtes de l'espèce bovine n'a pas beaucoup varié de 1900 à 1914 : à ce moment-là, il était de 170.000 têtes environ ; pendant la grande guerre, le nombre des bœufs a sensiblement diminué en raison des nécessités du ravitaillement, mais depuis, on constate une augmentation totale de 12.500 têtes.

Cette différence est intéressante, non pas seulement par son chiffre brut, mais parce qu'elle comporte une augmentation du nombre des taureaux et des veaux d'élevage ainsi qu'une diminution du nombre de vaches, ce qui semble une preuve que les éleveurs ont le désir de réaliser des progrès. En même temps que la population bovine croissait en quantité, elle gagnait beaucoup en qualité.

1. — **Race gasconne**

Cette race est la plus intéressante, c'est elle qui progresse le mieux de toutes les races locales. Elle compte pour près des trois-quarts de la population bovine totale.

Avant 1900, cette race était peu ou mal sélectionnée, à l'exception de certains centres du sud-ouest du Pays Toulousain qui continuent d'ailleurs encore actuellement à produire les animaux les plus purs de la race gasconne.

Tous les auteurs s'entendent à peu près sur l'origine de la race gasconne. D'après M. Girard, professeur à l'Ecole Nationale Vétérinaire de Toulouse, la race gasconne résulte du croisement de plusieurs types primitifs (ibérique-asiatique-alpin et aquitain), dont les résultats ont été fixés dans leur meilleur forme par la sélection ; par sa conformation générale, la race gasconne se rattache au type des Alpes (1).

On distinge dans cette race deux sous-variétés :

a) **Gascons à muqueuses noires**

Ce sont les animaux de cette variété, encore appelés « gascons à cocardes », qui représentent les vrais gascons. Ses caractères sont les suivants :

La tête, qui est courte et volumineuse chez le mâle, est plutôt légère chez la femelle. Chez l'un comme chez l'autre, la lèvre supérieure efface complètement la lèvre inférieure.

Les cornes partent en avant et se redressent à

---

(1) On retrouve encore dans l'Ariège des animaux de l'espèce gasconne qui rappellent la variété primitive, ils sont restés petits, mais leur structure et leur pelage se sont modifiés par leur vie en montagne, le climat plus froid et peut-être aussi les préférences des éleveurs.

l'extrémité qui, seule, est noire, le début étant blanc.

La robe, lorsque l'animal est jeune, est gris-noir, avec une bande plus claire sur la longueur de l'épine dorsale. Lorsque le sujet vieillit, la robe pâlit.

L'ensemble du corps est trapu, avec une encolure courte et épaisse munie d'un fanon qui vient s'arrêter entre les membres antérieurs.

Le dos est large, le rein puissant, le train postérieur est bien musclé, mais il paraît un peu court.

La membrure, à la fois légère et solide, montre bien que l'on est en présence d'un animal très robuste, que la présence d'onglons très durs à l'extrémité des membres rendent aussi bon marcheur. Les articulations, principalement celles des jarrets et des genoux, sont larges, mais sèches et nettes.

La taille des bœufs varie de 1m40 à 1m50.

Ces animaux, faciles à dresser, forts et dociles, conviennent parfaitement à la culture dans les terrains accidentés des terres-forts et dans les sols caillouteux et secs des boulbènes. Ils sont très appréciés par les viticulteurs du Bas-Languedoc et de l'Armagnac. Ils s'acclimatent également très bien dans les autres régions plus chaudes ou plus froides que leur pays natal, aussi bien dans le Nord de la France que dans l'Afrique du Nord.

Les bœufs travaillent encore bien, même étant vieux, et là se trouve l'erreur de l'agriculteur toulousain qui, souvent, au lieu de profiter de leur bon état pour les vendre à la boucherie, continue à les faire travailler jusqu'à la dernière extrémité, moment auquel leur valeur est très compromise.

Mis en chair, un bœuf peut atteindre environ 600 kgs ; la viande est de bonne qualité, mais le rendement ne dépasse guère 50 %.

Les vaches constitueraient difficilement un troupeau de laitières ; tout ce qu'on leur demande, c'est d'abord de travailler et ensuite d'allaiter leurs veaux pendant quatre mois environ. Ceci n'est pas toujours réalisable, et l'on est obligé de vendre le produit rapidement alors que si l'on avait une vache bretonne à la métairie on pourrait, en continuant à alimenter le jeune, attendre bien souvent des cours plus favorables.

La vente des reproducteurs donne lieu à un commerce important avec la plupart des départements méridionaux, les pays méditerranéens et, depuis quelque temps, avec l'Amérique du Sud.

Le cuir de ces animaux est très recherché par la tannerie, il est lourd et dense ; de plus, il est presque aussi épais sur les bords qu'aux endroits correspondant au milieu du corps.

AMÉLIORATION

Ce n'est qu'en 1900 que fut créé le Herd-Book de la race gasconne. Comme il fut institué pour plusieurs départements à la fois, il avait fallu nommer cinq commissions départementales, qui auraient pu avoir des différences d'appréciations, mais il n'en a rien été et, jusqu'à présent, le Herd-Book a donné de très bons résultats.

Pour compléter l'action de ce livre généalogique, les éleveurs de la Haute-Garonne se sont groupés en un syndicat qui s'est donné pour but « de constituer, par une sélection rigoureuse, des étables de premier ordre, dont les produits sont appelés à exercer une influence considérable pour l'amélioration de la race ».

Et, malgré l'opposition des éleveurs de la variété de gascons auréolés, il a été décidé, dans un congrès spécial, que par muqueuses noires il ne fallait pas entendre seulement les taches noires visibles à l'extérieur, mais encore toutes celles de l'intérieur de la bouche, y compris celles qui se trouvent sur la langue. On a été amené à cette décision par le fait que des croisements anciens avec la race garonnaise avaient donné des bêtes ayant seulement les muqueuses noires.

Le Syndicat d'élevage a, en outre, pour but de surveiller les croisements plus ou moins heureux que l'on pourrait faire, et de distribuer des récompenses :

1° Aux possesseurs de taureaux qui les possèdent depuis un an et qui peuvent justifier de 50 saillies ;

2° Aux étables qui sélectionnent le mieux leurs animaux.

Il serait peut-être possible d'augmenter le rendement en viande de la race gasconne en faisant des croisements avec des races plus développées et plus précoces, mais il y aurait lieu de craindre, dans ce cas, que les produits obtenus soient trop faibles pour le climat et les conditions de la vie dans le Sud-Ouest.

b) **Gascons auréolés ou à Rondelles**

Les animaux de cette variété ne sont qu'en petit nombre dans le Toulousain et le Lauraguais ; par contre, ils forment la majeure partie de la population bovine du département limitrophe du Gers.

Le gascon auréolé a été obtenu par des croisements avec la race garonnaise ou bien avec le garonnais-limousin, dans le but d'avoir des sujets plus grands, plus précoces, et ayant une chair plus tendre.

Les caractères de cette variété sont identiques à ceux des gascons à muqueuses noires, sauf qu'ils ont un pelage plus clair et, bien entendu, les gascons auréolés n'ont pas de pigmentation sur la langue et les lèvres. Le mot « auréolé » vient de ce qu'ils ont une petite auréole rosée autour de l'anus et de la vulve.

La variété auréolée étant surtout répandue dans l'ouest du Pays Toulousain, le syndicat qui a été constitué pour son amélioration a son siège dans le Gers. « Constitué pour son amélioration » n'est pas le terme exact pour désigner le but de ce syndicat, puisqu'il accepte également les animaux à muqueuses noires, ce qui semble prouver que les éleveurs ne sont pas complètement satisfaits de la race qu'ils ont actuellement et qu'ils cherchent à lui rendre un peu de rusticité en introduisant plus de sang gascon.

II. — **Race garonnaise**

La race garonnaise se rencontre plutôt dans la partie nord de la plaine toulousaine, sur les meilleurs terrains, ce qui fait présager de suite que la race sera moins rustique que la précédente.

Les animaux de cette race ont une taille élevée (1m60) et une forte corpulence. La tête, de longueur moyenne, porte des cornes dont la pointe, à l'inverse de la race gasconne, est dirigée vers le sol. La robe est claire et il y a absence totale de points noirs tant à l'intérieur qu'à l'extérieur du mufle. Mais il n'y a pas de caractères bien distinctifs de cette race, elle a quelques analogies avec la race limousine, tout au moins en ce qui concerne la culotte, qui est bien descendue.

Ceci d'ailleurs est très naturel, car les taureaux limousins qui ont été introduits pour améliorer la race gasconne auréolée ont pu servir également pour la race garonnaise. Ces croisements furent faits sous la pression de la corporation des bouchers, qui préféraient évidemment le type limousin au type garonnais, dont la structure est grossière et le rendement en viande par trop inférieur. Si l'on avait continué longtemps ces croisements, il est probable que la race garonnaise aurait disparu peu à peu pour faire place à une nouvelle variété à aptitude unique : l'engraissement.

Les agriculteurs de la plaine toulousaine, ne désirant pas remplacer leurs bœufs bien acclimatés par des animaux des régions voisines, s'efforcent d'arrêter l'importation des reproducteurs limousins afin de ne pas accentuer la dégénérescence de la race locale. En outre, par la création d'un Herd-Book, de concours et de primes distribuées aux meilleures étables, leur syndicat cherche à favoriser la sélection et à rendre à la race garonnaise ses qualités premières. La Commission d'amélioration de la race garonnaise achète des taureaux ayant les caractères les plus voisins du « type » et elle les revend aux enchères ; de plus, elle a le droit d'approuver des taureaux et de donner des primes aux propriétaires. Les types les plus purs sont étrangers à la plaine toulousaine : on les trouve principalement dans la vallée de la Garonne, entre La Réole et Moissac.

Il semble pourtant que la Garonnaise gagnerait à conserver un peu de sang limousin qui, tout en lui gardant ses qualités de travail, lui donnerait un peu plus d'aptitude à l'engraissement, ce qui permettrait, après l'avoir fait travailler trois ou quatre ans, de la mettre en chair afin d'en obtenir un prix de vente annulant à peu de choses près le prix d'achat.

Ces animaux ne sont pas très précoces : ils n'atteignent leur développement complet que vers l'âge de six ans. Ils sont assez lents dans leur travail et, comme leurs pieds ne sont pas munis de sabots aussi durs que ceux des gascons, ils sont peu employés pour les charrois sur routes. En général, avant de les revendre, on les met en chair jusqu'à 800 kgs environ ; lorsque l'engraissement est bien conduit et que la nourriture est abondante, on peut arriver à 900 kgs. Le rendement en viande est un peu plus élevé que celui de la race gasconne: il atteint 55 %.

Les vaches sont également très endurantes, mais leurs qualités de laitières, comme celles de la gasconne, sont assez médiocres. D'ailleurs, le régime auquel elles sont soumises n'est pas précisément favorable à l'augmentation de la production laitière. On s'en sert, en effet, pour exécuter tous les travaux superficiels qui, pour être plus réguliers, demandent une vitesse de traction un peu plus élevée que celle donnée par les bœufs.

Pour la production du lait dans la banlieue de Toulouse, on élève des vaches bordelaises, qui donnent presque autant que les hollandaises, moins bien acclimatées. Malgré cela, la race hollandaise est très estimée actuellement, à tel point même que certains éleveurs voudraient la faire admettre dans les concours, parmi les races indigènes, sous le nom de Grande Race Pie du Sud-Ouest.

CHAPITRE III

CHEVAUX

Cette étude sera beaucoup moins longue que la précédente pour deux raisons : la première, c'est que les bœufs sont préférés comme animaux de trait ; la deuxième, c'est qu'il n'y a pas de races de chevaux de trait dans le Sud-Ouest ; il n'y a qu'une race de chevaux de selle qui est d'ailleurs en voie de disparition, tout au moins dans le Toulousain, son élevage se cantonnant dans la plaine de Tarbes.

La faible place réservée aux chevaux dans les travaux de culture tient principalement à la nature du terrain qui, comme nous l'avons dit plus d'une fois, est trop fort ; il n'y aurait donc aucun intérêt à créer une race spéciale de chevaux de trait, car l'éleveur qui se livrerait à cette spéculation risquerait fort de ne pas toujours trouver un écoulement facile à ses produits. Lorsqu'un agriculteur est dans des conditions telles que l'emploi de chevaux lui est indispensable, il va les chercher parmi les races boulonnaises, percheronnes, bretonnes et limousines.

Les juments que l'on rencontre dans les métairies sont gardées jusqu'à la dernière limite ; elles vivent d'ailleurs jusqu'à un âge avancé, n'étant soumises qu'à un travail très modéré.

Si Toulouse n'est pas un centre de production ni d'élevage du demi-sang du Midi, ou tarbais, c'est en tout cas un grand centre commercial de cet élevage. C'est à Toulouse que se tient, au mois d'octobre, le seul marché d'arabes et d'anglo-arabes, où les haras français viennent acheter les étalons que leur présentent les éleveurs du Sud-Ouest.

La production de ces chevaux dans la région toulousaine n'a pas pris une aussi grande extension que dans la plaine tarbaise, par suite du climat trop sec durant l'été, du manque d'eau et par suite aussi du manque de bonnes prairies.

Comme l'explique J. Malet, cette différence de production entre la région toulousaine et la plaine tarbaise tient surtout à la composition chimique des sols... « L'aliment agit autant par sa qualité que par sa quantité, et c'est ce qui explique pourquoi l'ampleur du cheval du Midi varie avec la région dans laquelle on l'élève. Le poulain qui a fait sa croissance dans la plaine de Tarbes pêche souvent par une membrure grêle. Au contraire, pris au sevrage et transporté dans le Gers, il sera tout différent quand il arrivera à l'âge adulte, il aura acquis du corps et du membre... La terre arable, siliceuse dans la plaine de Tarbes, est pauvre en chaux et en acide phosphorique, alors que le carbonate de chaux se trouve largement répandu sur le plateau calcaire et argileux du Gers... » C'est pour cette dernière raison que l'élevage du demi-sang du Midi ne peut donner de très bons résultats dans le Toulousain puisque les boulbènes qui conviendraient le mieux au point de vue composition physique sont absolument dépourvues de chaux. Cependant, l'on trouve certains propriétaires qui élèvent un ou deux poulains, ils les laissent pendant la plus grande partie de l'année à l'écurie — sauf à la fin de l'été et au début de l'automne — s'ils sont assez beaux, ils tâchent de les revendre à la remonte militaire comme chevaux de cavalerie.

L'anglo-arabe a toutes les qualités de ses parents, sans en avoir les défauts. Le sang anglais a augmenté la taille du produit, et le sang arabe lui a donné la rusticité qui manquait à l'anglais. Les produits du croisement sont résistants, dociles et puissants, enfin ils ont une qualité que l'on doit négliger moins que toute autre, l'élégance ; toutes les parties du corps sont en proportions harmonieuses, en un mot c'est le parfait cheval de cavalerie légère, très résistant et pouvant fournir de longues courses. Les meilleurs reproducteurs sont fréquemment achetés par les nations étrangères désireuses d'améliorer leurs races chevalines.

Il a existé jusqu'à ces dernières années, à Toulouse, une écurie coopérative, qui avait pour but de faciliter les achats et les ventes entre ses membres et les personnes étrangères à ce groupement. Elle a cessé d'exister quand l'élevage s'est retiré peu à peu plus au midi, vers Tarbes, mais durant son fonctionnement elle a été très utile à l'élevage dans notre région, car elle a provoqué de France et de l'étranger de nombreux achats de chevaux.

CHAPITRE IV

MULETS

On a tendance à remplacer les chevaux par les mulets, cela constitue évidemment dans la région une nouveauté, chose qui répugne de prime abord au paysan qui a besoin, paraît-il, de son cheval pour aller porter les chasselas, huit jours par an à peu près, à la ville ; mais un bon mulet peut remplir tout aussi bien cet office.

Le mulet ne donne pas de produits, c'est entendu, mais y a-t-il réellement beaucoup de paysans qui font saillir leurs juments ; nous ne le croyons pas. Le mulet ne se revendra pas non plus à un prix plus élevé que le cheval, mais il est tellement plus sobre, plus rustique, mieux acclimaté au pays, plus nerveux et plus rapide, qu'il l'aura presque sûrement remplacé sous peu.

Les quelques agriculteurs qui ont essayé de travailler avec des mulets s'en montrent très satisfaits et il n'est pas douteux que lorsque le paysan aura compris et surtout se sera rendu compte des avantages donnés par ces animaux, alors seulement il se rendra à l'évidence. Mais il devra faire bien attention dans le choix d'une bête qu'il ne connaît pas encore ; il faudrait que ceux qui se servent déjà de ce mode de traction lui viennent en aide à cette occasion.

Il y a d'autres raisons qui doivent faire préférer le mulet au cheval. Ainsi, avec une alimentation du bétail tel qu'on la pratique dans une métairie ordinaire, un cheval ne tarde pas à s'anémier, tandis que le mulet pourra s'en contenter.

Il peut encore fournir un travail plus rapide et plus prolongé qu'une paire de bœufs ou de vaches ; lorsque l'on a fait travailler une paire de vaches toute la matinée, il est matériellement impossible de les refaire travailler dès le début de l'après-midi, tandis qu'avec un attelage de mulets il suffira de leur donner une heure pour manger et l'on pourra repartir.

C'est pour tous ces avantages que les agriculteurs commencent à reprendre comme animaux de travail une race de mulets du Sud-Ouest, qu'ils avaient négligée jusqu'alors. C'est cette première négligence qui met, en quelque sorte, un obstacle à la vulgarisation rapide de ces animaux, car leurs éleveurs ont pris l'habitude de les exporter chez les Espagnols, qui les apprécient à leur juste valeur et les payent un bon prix.

Actuellement, il n'y a aucune raison, à moins d'engagements pris, à ce que ces éleveurs continuent leurs expéditions qui les obligent à des formalités de douane, leur occasionnent des frais de transport supplémentaire, puisqu'ils trouvent et ils trouveront de plus en plus sur place des débouchés faciles.

Jusqu'à présent, on a pratiqué l'élevage de la manière suivante : on fait naître le muleton par l'accouplement de la jument du pays avec un âne gascon : le produit obtenu est plus fin et plus agile que le gros mulet du Poitou. Les muletons ne sont pas élevés, car les éleveurs trouvent sur le marchés méridionaux de Pau, Tarbes et Saint-Girons, des courtiers espagnols qui achètent ces muletons à six mois et les emmènent par étapes vers l'Espagne à travers les Pyrénées.

Avant d'exporter, il faudrait d'abord satisfaire les besoins du pays ; aussi, depuis ces dernières années, nombre de ceux qui, autrefois, faisaient naître seulement des muletons, en élèvent, qu'ils achètent au sevrage.

CHAPITRE V

MOUTONS

La population ovine, qui comptait avant la guerre 195.600 têtes dans le département de la Haute-Garonne, s'est vue réquisitionner en deux années de guerre seulement (1915 et 1916), 37.800 têtes. D'une manière générale, c'est sur l'élevage du mouton que la guerre a le plus influé. Les hommes étant partis, vieillards, femmes et enfants se portèrent au plus pressé : la terre ; aussi le nombre de troupeaux a-t-il été en diminuant d'année en année. Actuellement, la diminution du troupeau en pleine période de prospérité agricole n'est pas inquiétante, puisque la culture intensive sur de petites propriétés ne permet pas de nourrir à bon marché les troupeaux, au dehors, sur des terres non cultivées ; mais l'on peut se demander si, en raison de la crise de la main-d'œuvre, on ne sera pas obligé de revenir au régime pastoral dans les régions les moins fertiles.

Comme la petite propriété se développe au dépens de la grande, ceci entraîne par conséquent la disparition des parcours pouvant être pacagés par les animaux, parcours qui étaient très nombreux autrefois, notamment vers la Grande-Lande (1).

(1) La Grande Lande (déjà cité).

Que ce soit à proximité de Toulouse ou bien à 25 kilomètres de là, le même fait se retrouve, la culture s'est développée au dépens de l'élevage. Il serait bien dommage de consacrer de bonnes terres argilo-calcaires à l'élevage du mouton, il n'y aurait donc que sur les boulbènes que l'on pourrait pratiquer cet élevage, à défaut de celui des bovins, qui y est rendu impossible par suite de la sécheresse, mais toujours à cause du morcellement on n'a pas d'étendues suffisantes pour nourrir un troupeau. Aussi n'en rencontre-t-on plus que dans l'est du Lauraguais, vers la Montagne-Noire, les Causses et la Forêt de la Grésigne.

Cependant, depuis quelque temps, pour peu qu'il y ait un vieillard ou un enfant dans une métairie, on s'efforce de remonter un troupeau en commençant seulement par quelques bêtes. Il y a toujours quelques terres communale incultes où l'on peut mener paître les moutons, ou bien on les met en location chez d'autres propriétaires qui les acceptent moyennant une somme d'argent assez faible d'ailleurs ; ils conservent en outre le fumier, qui leur est toujours d'une grande utilité. Il y aurait encore une autre solution : lorsque la sécheresse a brûlé l'herbe dans la plaine, les cultivateurs d'un même canton, par exemple, pourraient envoyer leurs troupeaux, sous la conduite d'un berger expérimenté, vers les pâturages des Pyrénées.

Un troupeau, dans une petite propriété, est exposé fréquemment à être mal soigné, parce que pas assez important pour nécessiter et payer un berger, il sera confié à un gamin qui, n'y connaissant rien, le conduira tant bien que mal.

Une cause qui influe également sur la diminution du troupeau est une cause qui est bien particulière au Midi, car elle tient aux contrats de métayage.

Dans ce genre d'exploitation, on spécifie quelquefois que le métayer a seul droit au produit de la vente du lait. Le métayer aura donc tendance à développer sa vacherie, dont il ne partage que le croît, aux dépens du troupeau de moutons. De plus, il paye seul le berger et, pour que sa part de bénéfices sur les bêtes à laine ne soit pas absorbée complètement par les frais de garde, il lui faut entretenir un troupeau supérieur à 70 ou 80 bêtes, ce qui n'est pas toujours possible si l'on a une vacherie tant soit peu importante et un domaine qui ne l'est guère. Si donc le propriétaire n'intervenait pas, le métayer supprimerait son troupeau en peu de temps.

Les fermes qui, pendant la guerre, ont dû liquider leur bergerie, auraient tout intérêt à reformer leurs troupeaux, car les conditions économiques actuelles sont encore favorables à cet élevage, mais il faut que le cultivateur se livre sur quelques hectares à la culture de fourrages spécialement réservées aux moutons ; il lui faut, en outre, apprendre quelques mesures d'hygiène particulière concernant ces animaux, entre autres : défendre absolument le parcage dans les prairies permanentes et dans les terres à céréales lorsque le sol est humide.

Race lauraguaise

C'est la seule race que l'on rencontre dans le Pays Toulousain ; elle est originaire du Lauraguais, entre Castelnaudary et Villefranche ; elle est donc parfaitement acclimatée à la région ; en outre, elle résiste bien aux alternatives trop fréquentes parfois d'abondance et de pénurie, dans son alimentation.

Les programmes des concours établis en vue de l'amélioration de ce mouton en donnent les caractères suivants :

Race de grande taille (0^m65 à 0^m70), sans taches sur la peau ni sur les muqueuses.

Tête volumineuse, busquée, sans cornes, à oreilles longues, horizontales ou pendantes.

Toison blanche, moyennement fine, légèrement ondulée, à mèches carrées. La toison s'étend seulement jusqu'à l'arrière de la nuque, laissant à découvert toute la face inférieure du cou, de la poitrine, du ventre et des parties inférieures des membres.

La croupe est bien développée, quoique un peu étroite par rapport à sa longueur.

Les membres conservent encore les caractères des races des Causses et du Larzac, c'est-à-dire la longueur et la force. Ces caractères des membres se reproduisent sur toutes les races qui sont originaires de terrains granitiques où les animaux sont obligés de chercher leur nourriture. Mais dans les troupeaux que l'on rencontre au fur et à mesure que l'on descend dans la plaine, la conformation de l'animal se ressent de la fertilité du sol, ses gigots sont beaucoup plus développés grâce à la nourriture saine et abondante qu'il peut trouver sans trop se fatiguer par une marche excessive.

Il est assez difficile de trouver des béliers de conformation absolument irréprochable, ceci est dû probablement aux croisements qui ont été essayés avec le mérinos, mais ils n'ont pas été poursuivis, car les éleveurs ont craint de diminuer la rusticité du troupeau lauraguais.

ÉLEVAGE

Les troupeaux se composent d'une cinquantaine de brebis environ, dont on réforme un quart chaque année. Autrefois, pour avoir un rendement sensiblement égal à celui procuré actuellement par un tel troupeau, il aurait fallu un nombre de têtes beaucoup plus considérable ; c'est à une sélection rigoureuse que l'on doit ce résultat.

La monte se fait dans le courant de l'été, en liberté. Les naissances ont lieu vers le mois de décembre. Les brebis lauraguaises sont assez fécondes, on compte qu'elles donnent en moyenne 1 agneau 1/3 par an, car les portées doubles ne sont pas rares ; d'ailleurs, ces brebis étant très bonnes laitières, n'éprouvent aucun mal à nourrir deux agneaux en même temps. L'exploitation de ces troupeaux est orientée vers la production de l'agneau gris de six mois ; on garde les agnelles jugées les plus belles pour remplacer les brebis de quatre à cinq ans que l'on engraisse.

Souvent, ces troupeaux sont élevés en vue de la

production du lait ; c'est pour cette raison que l'on cherche à avoir les naissances durant l'hiver. Cette spéculation a pour origine le fait que les moutons du Larzac ne fournissent plus assez de lait pour la fabrication du Roquefort. Ce fromage étant de plus en plus demandé, on a été amené à faire, dans bien des départements languedociens, des sondages en vue de trouver des caves dont l'atmosphère soit aussi propre à la maturation du fromage que celles de Roquefort. Nulle part, ces recherches n'ont donné des résultats aussi concluants qu'aux environs de Toulouse, avec la race lauraguaise.

D'après M. Carré, directeur des Services agricoles, un troupeau de 100 brebis lauraguaises sélectionnées en vue de la production laitière fournissent 70 litres de lait par jour pendant six mois, du 1er janvier au 15 juillet environ. Mais cette spéculation demande une main-d'œuvre assez considérable, il faut en effet un homme pour traire vingt-cinq brebis ; or, jusqu'à l'agnelage, les brebis sont traites deux fois par jour. Le lait est vendu en nature en ville, sous le nom de « caillé », ou bien il sert à la fabrication des fromages avec des ferments venant de Roquefort ; sitôt faits, ces fromages sont expédiés dans les caves célèbres, où ils vont y recevoir des soins appropriés.

On engraisse aussi quelquefois les moutons de un an et demi ; ils atteignent alors environ 45 kgs avec un rendement en viande de 50 %. On fait également l'engraissement des brebis réformées provenant des régions arides du Nord-Est du Haut-Languedoc, que l'on achète maigres en septembre. La plupart des agneaux de lait proviennent des Causses, ils sont achetés à un mois pesant 8 kgs.

Un mouton de race lauraguaise fournit 3 kgs de laine au maximum. La qualité de cette laine se ressent encore un peu de l'essai de croisement avec le mérinos, ceci est d'ailleurs considéré comme un défaut, puisque les jurys de concours éliminent sans ménagement les reproducteurs qui présenteraient ces indices de croisement. Ils éliminent également tous ceux qui présentent des indices de fusion de sang avec le Southdow ; ce croisement se reconnaît aux taches brunes que l'on remarque à la face et aux membres.

CHAPITRE VI

ALIMENTATION DU BETAIL

L'alimentation du bétail se fait encore d'une manière assez simple. Il n'y a que la nature des aliments qui ne varie pas trop, encore sur ce point les paysans ont beaucoup à apprendre, les aliments concentrés et les résidus d'industries agricoles ne sont pas assez employés.

En ce qui concerne la quantité à donner à chacun, suivant son poids, son état, le but que l'on poursuit, les données sont assez vagues. La ration des animaux s'établit à vue d'œil, aussi les résultats ne sont-ils pas toujours aussi satisfaisants que ceux que l'on serait en droit d'attendre.

Le temps durant lequel les animaux doivent rester à la pâture chaque année pour se remettre en état n'a rien de fixe. Dans les petites exploitations, les travaux de culture laissent suffisamment de loisirs pour que les animaux aient le temps de se reposer chaque jour. Mais l'herbe qu'ils peuvent y trouver est rarement suffisante, on complète la ration par du fourrage sec ou bien du maïs. Il faut en tout cas produire tout le fourrage dont on a besoin, car il est très difficile de s'en procurer, les viticulteurs du Bas-Languedoc achetant toutes les quantités disponibles. Les prairies ne sont pas clôturées, car l'on n'a pas l'habitude de laisser les animaux toute la journée dehors, les nuits d'hiver étant assez fraîches et, pendant l'été, la chaleur trop forte ; à cette époque-là, le bétail reste à l'étable de 9 heures du matin à 5 heures du soir ; on rentre les animaux lorsque la nuit vient et que tout est en place à l'intérieur de la métairie.

Quoique l'on ne dispose pas de betteraves, qui sont d'un grand secours dans l'alimentation du bétail des régions plus septentrionales, on arrive à s'en tirer à peu près si l'on peut retarder l'alimentation par les fourrages secs, aussi longtemps que possible, en ayant des maïs mûrissant à intervalles réguliers.

A titre d'exemple, voici les aliments qui sont donnés aux bœufs de travail de race gasconne, sur le domaine de la Viguerie (100 hectares) :

Foin en vert, trèfle incarnat au mois de mai ; sainfoin de première coupe sec et trèfle sec.

En hiver, quand les bœufs ne travaillent pas, on leur donne des jambes de maïs ; on complète la ration par de la paille d'avoine. Pendant les mois d'octobre et de novembre, les bœufs sont nourris au marc de vendange frais. Ils reçoivent également des betteraves hachées et mélangées de balles de céréales.

Il s'agit là d'animaux âgés de six à neuf ans, travaillant en été de 6 heures à midi et de 2 heures à 19 h. 30 et, en hiver, une « rejointe », c'est-à-dire de 7 h. 30 à 15 heures. Quelque temps avant de les vendre, pour parfaire leur engraissement, on ajoute à la ration de travail 2 kgs de tourteau, dont le nom varie avec les cours.

La nourriture des chevaux dans ce même domaine s'effectue ainsi :

Fourrages divers, surtout de l'esparcette.	12 kgs
Avoine aplatie...........................	6 litres

par jour et par animal. On augmente cette quantité jusqu'à 10 et 12 litres pendant les forts travaux.

En été, on donne des barbottages avec un peu de farine de son et de farine d'orge, auxquels on mélange de temps en temps un peu de sulfate de soude pour purger l'animal. De même, lorsque les chevaux ne travaillent pas, on diminue leurs rations pour éviter les coups de sang.

La nourriture des mulets est à peu de choses près identique ; toutefois, la quantité d'avoine est plutôt un peu moindre.

Il s'agit là d'un grand domaine et il ne faudrait pas appliquer ces genres de rations à l'ensemble des métairies du Toulousain. Les tourteaux ne sont guère utilisés dans l'alimentation des bovins, de même pour l'avoine en ce qui concerne la nourriture des chevaux. Les bienfaits rafraîchissants des barbottages sont insuffisamment connus, ainsi que la nécessité d'assurer de temps en temps la liberté de ventre des animaux en leur faisant prendre une petite purge au sulfate de soude.

L'alimentation des ovins est identique partout : elle se compose de fourrages secs principalement, maïs et pailles ; tous les jours de l'année, le troupeau est conduit dehors, soit dans les prairies, les chaumes, les cultures de maïs fourrager suivant l'époque, les bois et parfois aussi, comme les troupeaux ne sont pas très nombreux, le long des routes.

A la volaille, on donne les déchets de graine d'avoine, réservant le maïs pour l'engraissement des oies. Les porcs reçoivent tous les résidus du ménage, ainsi que des pommes de terre et des topinambours.

Les marcs de raisins constituent un très bon aliment pour les bovins et pour l'engraissement des moutons. La valeur alimentaire de ces marcs est au moins égale à la moitié de celle d'un bon foin de prairie. On les donne après les avoir additionnés de 2 à 5 % de leurs poids de sel et on peut les mélanger avec du son ou bien des tourteaux.

Les marcs peuvent être conservés en silos dans des cuves en bois ; on les dispose en couches que l'on saupoudre de sel. Ce genre de conservation est peu employé, on les donne lorsqu'ils sont frais et s'il n'y a pas assez de bétail pour en assurer l'entière consommation, on les porte dans la vigne, où ils sont enterrés par les labours d'hiver. C'est un engrais plutôt médiocre à cause de sa lente décomposition et de son acidité.

CHAPITRE VII

BASSE-COUR

I. — Porcs

Dans toute autre région de petite culture, le porc joue un rôle très important, car il fournit à la famille du paysan presque toute sa consommation en viande, mais ici les troupeaux d'oies tiennent souvent la place des porcs ; de même, ces volatiles servent à fabriquer du salé, que l'on met dans de grands pots en grés. C'est au nombre de ces pots, alignés dans la salle commune, au-dessus de l'âtre, que l'on voit l'état de prospérité du maître de céans.

Généralement, il y a dans toute métairie un porc que l'on engraisse durant l'hiver avec tous les résidus, mais on ne fait pas à proprement parler d'élevage. Le porc engraissé est tué en décembre-janvier, et si le régime d'exploitation est le métayage, la moitié de la viande revient au propriétaire.

Les animaux que l'on engraisse sont obtenus par croisement de la truie noire gasconne avec un verrat yorkshire. Les porcs issus de ce croisement forment la race de Miélan, car c'est à Miélan (Gers) que se trouve le centre d'élevage. Les produits ont la rusticité de la mère et supportent bien les à-coups du climat. Ce sont des demi-coureurs, ils peuvent trouver leur nourriture dans les champs ; d'un engraissement assez facile, ils donnent un rendement en viande de 80 %.

II. — Oies

De même que la chèvre est appelée « la vache du pauvre », on pourrait dire que l'oie est le porc du pauvre. En effet, même chez les plus modestes, il y a toujours deux ou trois oies qu'un gosse mène pâturer le long des routes. Ces oies, tuées et confites, forment le salé qui constitue la provision de viande de la famille pour une majeure partie de l'année.

L'oie de Toulouse, la plus belle de toutes les variétés, descend de l'oie commune, qui descend elle-même de l'oie sauvage (*anser cinereus*). De taille volumineuse, avec des pattes courtes et très écartées, cette oie a les caractéristiques suivantes qui font qu'il est impossible de la confondre avec une autre : tronc bien développé, poitrine large saillante, jabot très développé et prolongé par un repli de la peau appelé fanon ou panouille, qui, chez les bêtes gavées, traîne jusqu'à terre.

Suivant qu'il s'agisse de l'oie de Toulouse sans bavette, dite agricole, ou bien de l'oie type industriel, plus développée, mais plus lymphatique aussi, on trouve deux élevages différents.

Les oies de la première catégorie s'élèvent dans toutes les métairies ; cependant, cet élevage est bien réparti : les uns font venir les oisons et les vendent quelques jours après leur naissance à des paysans qui les élèvent et les revendent grasses. Les oies dites industrielles sont produites, élevées et engraissées par des éleveurs de profession. Dans l'un et l'autre cas, il faut disposer d'espaces étendus, car les oiseaux parqués dans les cours et les espaces restreints n'atteignent jamais le développement de ceux élevés en liberté, abstraction faite des oies adultes destinées à l'engraissement. De plus, en raison de leur appétit constant et insatiable, leur élevage serait ruineux et très absorbant. Les oies broutent un peu partout le long des routes, dans les prairies, les chaumes. On s'arrange pour que les animaux aient accès à une petite mare, car les accouplements se font toujours mieux sur l'eau.

On donne en général cinq à six femelles à un mâle ; mieux les femelles sont jalousement gardées, plus il y aura d'œufs fécondés. Les accouplements ont lieu dès la fin de décembre, les oies commencent à pondre en février, chacune pond environ de 40 à 50 œufs. La ponte étant répartie sur un nombre de jours assez importants, il faut, pour éviter qu'ils ne perdent leur vitalité, les retirer au fur et à mesure qu'ils sont pondus et les conserver à l'abri de l'air et de l'humidité. Dès que l'on en a suffisamment (une douzaine), on les fait couver. Ce sont les dindes qui sont chargées de ce travail, les oies étant trop mauvaises couveuses et surtout parce qu'au moment où l'on commence l'incubation elles n'ont pas fini leur ponte. L'incubation dure de vingt-huit à trente jours ; on retourne les œufs tous les jours et, le douzième après la mise en incubation, on les mire. On a souvent à intervenir au moment de l'éclosion ; pour cela, on humecte d'eau tiède la coquille pour la rendre plus molle.

Au fur et à mesure de leur naissance, les oisons sont placés dans une corbeille garnie de paille et recouverte d'un édredon, que l'on place près du feu. Dans les premiers temps de leur existence, les oisons sont nourris avec du son détrempé et de la mie de pain humectée, puis on ajoute progressivement des farines, des pommes de terre écrasées, des œufs durs, de jeunes pousses d'ortie.

Peu à peu, on leur donne des rations moins fortes, car ils trouvent une partie de leur nourriture dehors. Il n'est pas rare que ces animaux pèsent 5 à 6 kgs au bout du sixième mois. On ne commence à les engraisser réellement que vers le mois de novembre, car c'est au moment des fêtes de Noël et du Jour de l'An qu'ils valent le plus cher.

Les oies destinées à être engraissées sont mises dans un local étroit et obscur, éloignées de tout bruit pour qu'elles profitent au maximum de la nourriture qu'on leur donne. Plusieurs fois par jour, on les gave ; cette opération consiste à prendre une bête entre ses genoux, on introduit dans le bec un entonnoir et on lui fait avaler de force des boulettes de maïs jusqu'à ce que leur jabot soit gonflé. Ce régime a pour but et d'engraisser l'animal et de provoquer une hypertrophie du foie qui sert à fabriquer de délicieux foies gras, spécialité toulousaine. Ainsi engraissée, une oie pèse couramment 12 à 13 kgs. La chair est, ou bien vendue en nature, ou bien conservée ; les plumes et duvets servent à la fabrication des oreillers, édredons, etc.

Sous toutes ces formes, l'oie joue donc un très grand rôle économique dans tout le Toulousain. On élève en moyenne 300.000 têtes dans la région toulousaine ; or, si l'on veut bien se rendre compte que les oisons se payent couramment 30 francs la paire quelques jours après leur naissance, que deux mois après ils valent déjà 60 francs, après cinq mois, 90 francs, et qu'une fois engraissées les oies se revendent facilement 200 francs la paire, on a un aperçu du chiffre d'affaires que cet élevage amène au profit de la région. (On estime à plus de 100 millions de francs la valeur marchande des produits fournis chaque année par l'oie toulousaine.) A ces revenus viennent s'ajouter ceux produits par la vente des reproducteurs, qui sont demandés dans toutes les régions de France, d'Europe et même du monde.

CONCLUSION

Que faut-il retirer de cette brève étude sur l'agriculture dans une partie du Haut-Languedoc ? On a l'impression très nette que l'homme n'a pas encore su mettre à profit la totalité des richesses qui ont été mises à sa disposition par la nature, bien que de grands efforts aient été faits dans ce sens-là.

Autrefois, il y avait bien un moyen de forcer le paysan à travailler : tous les paysans d'une même commune étaient imposés d'après le revenu de la terre qui rapportait le plus, tout le monde se débrouillait donc pour en obtenir autant. Le système actuel, qui consiste à calculer l'impôt d'après la qualité des terres, moins brutal que le précédent, est beaucoup plus juste, car il est bien évident que malgré tous les engrais dont on dispose actuellement, il est impossible de faire rendre autant à deux terres qui peuvent être l'une sur les boulbènes, l'autre sur les terres-forts, tandis que jadis, comme l'agriculteur n'exerçait son influence sur le sol que par des moyens physiques, on pouvait en déduire que la différence de production était due soit à une incapacité professionnelle, soit à la paresse du cultivateur.

Depuis le temps où le paysan du Lauraguais pratiquait le pelleversage de ses terres, jusqu'à nos jours, de grands progrès ont été faits : améliorations des méthodes de culture par l'utilisation de machines agricoles de plus en plus perfectionnées, réduction de la jachère et augmentation de la culture des fourrages, emploi de mieux en mieux raisonné des engrais chimiques et sélection des races animales.

Il reste encore beaucoup à faire pour que toutes les ressources dont dispose cette région soient utilisées au maximum et c'est parce que les améliorations, de quelque genre qu'elles soient, sont beaucoup plus faciles à concevoir qu'à réaliser qu'il vaut mieux ne pas se lancer trop en avant de ce sujet.

Nous avons signalé, tout au long de ce travail, l'intérêt qu'il y aurait à développer de plus en plus la culture des fourrages ; il est inutile de revenir là-dessus, mais les avantages qui en résulteraient : augmentation du cheptel et amélioration des cultures et des rendements, sont de nature à faire présumer l'importance économique que pourrait prendre l'agriculture de demain dans le Sud-Ouest.

Cette amélioration est en très bonne voie d'exécution, mais il ne faut pas demander au paysan de faire tout d'un coup ; il assimile lentement les progrès de la science agricole, et c'est pourquoi il faudrait conserver au Lauraguais, au Toulousain et à tout le Sud-Ouest en général, son mode d'exploitation particulier par métayage, qui est non seulement la combinaison du travail et du capital, mais qui peut être aussi l'alliance de la théorie et de la pratique ; de toute façon, il ne faut pas vouloir lancer de méthodes entièrement nouvelles dans cette région, car les vieux avaient leurs raisons de faire ainsi ; ils ne faut pas vouloir changer de fond en comble les façons d'exploiter, cette pratique conduirait rapidement à la ruine, car « la tradition, ce n'est pas ce qui est mort, c'est, au contraire ce qui vit, c'est ce qui survit du passé dans le présent, c'est ce qui dépasse l'heure actuelle et, de nous tous, tant que nous sommes, ce ne sera pour ceux qui viendront après nous, que ce qui vivra plus que nous ».

J. Meunier.

BIBLIOGRAPHIE

Géographie Joanne.

Documents sur Toulouse et sa Région (Publication de la ville de Toulouse à l'occasion du 39e Congrès de l'Association française pour l'avancement des sciences).

Bulletins du Syndicat central des Agriculteurs du Sud-Ouest.

Manuel du Cultivateur, par le Vicomte de Comminges.

Cartes géologiques.

Manuel de Viticulture, par Duchein.

La Grande-Lande et Croix-Daurade, par l'abbé Lafforgue.

Illustration économique et financière de la Haute-Garonne.

Omnium agricole.

TABLE DES MATIÈRES

Imprimerie Départementale de l'Oise, 26, Rue de Malherbe, Beauvais

www.ingramcontent.com/pod-product-compliance
Ingram Content Group UK Ltd.
Pitfield, Milton Keynes, MK11 3LW, UK
UKHW022107260726
13993UKWH00001B/373

9 782329 177953